四大名著 注音版

紅樓夢

曹雪芹 高鶚 原著　　李娜 梁桂娟 張楊 改編

U0108599

中華書局

學生版

□ 責任編輯：蔡志浩
□ 裝幀設計：無　言
□ 排　　版：陳美連
□ 印　　務：劉漢舉

四大名著
注音版

紅樓夢

□ 原著　曹雪芹　高鶚

□ 改編　李娜　梁桂娟　張楊

□ 出版　中華書局（香港）有限公司
　　香港北角英皇道 499 號北角工業大廈一樓 B　　電話：（852）2137 2338　傳真：（852）2713 8202
　　電子郵件：info@chunghwabook.com.hk　　網址：http://www.chunghwabook.com.hk

□ 發行　香港聯合書刊物流有限公司
　　香港新界大埔汀麗路 36 號　中華商務印刷大廈 3 字樓
　　電話：（852）2150 2100　傳真：（852）2407 3062　電子郵件：info@suplogistics.com.hk

□ 印刷　美雅印刷製本有限公司
　　香港觀塘榮業街 6 號 海濱工業大廈 4 樓 A 室

□ 版次　2016 年 12 月初版
　　© 2016 中華書局（香港）有限公司

□ 規格　16 開（235 mm×170 mm）

□ ISBN：978-988-8420-47-6

□ 本書經由接力出版社獨家授權
　　出版發行繁體中文版本

mù
目
lù
錄

第一回

通靈寶玉落賈府
tōng líng bǎo yù luò jiǎ fǔ

甄士隱是個甚麼樣的人？
zhēn shì yǐn shì gè shén me yàng de rén

西方靈河岸上三生石畔，有一株絳珠①草，赤霞宮神瑛侍者②用甘露澆灌仙草。絳珠草便脫去草木之質，修成女子的人形。她得知神瑛侍者將要下凡，為了報恩，絳珠草決定陪他下凡。

神瑛侍者投胎成男孩，在京城賈家榮國府內出生。因口含寶玉，上有「通靈寶玉」四個字，取名「寶玉」。

①【絳珠】

也就是紅色的珠子，暗示着血淚，寫示着林黛玉好哭的性格和悲慘的結局。

②【神瑛侍者】

是《紅樓夢》中的一個虛構角色。神瑛侍者為賈寶玉的前身，對三生石畔的絳珠草曾有灌溉之恩。

姑蘇城的仁清巷內有個古廟，人稱「葫蘆廟」。廟旁住着一個鄉宦人家，姓甄，名費，字士隱。甄士隱膝下只一女兒喚作英蓮，生得乖巧可愛。

葫蘆廟裏寄居着一個叫賈雨村①的窮書生，靠賣字為生，與甄士隱有往來。甄士隱是惜才之人，把盤纏借給賈雨村趕考。

①【賈雨村】
姓賈名化，表字時飛，別號雨村，胡州人。

到了元宵節，佣人霍啓抱着英蓮去看社火花燈。在霍啓去小解的時候英蓮沒了蹤影，霍啓找了一夜未找到，便逃往他鄉。

士隱夫婦見女兒一夜不歸，派人尋找未果，夫妻二人以淚洗面。接着葫蘆廟失火，殃及甄家。甄士隱只好投奔岳父家。

眼見甄士隱因生活不順，身體一日不如一日，最後連走路都得拄着拐杖了。

再説這賈雨村，進京趕考中了進士，當了知府，因得罪了人被革了職。於是自己四處遊山玩水去了。他聽説林府正在聘請家塾先生，於是託朋友進了林府。

林府是當地的名門，世襲①過列侯，到林如海的時候是第五代了。林如海參加殿試高中探花②，娶了榮國府賈母的女兒賈敏爲妻，生了一個女兒，乳名黛玉。

賈雨村來到林府一年之後，黛玉的母親賈敏病逝，黛玉悲痛過度，觸發了舊病。外祖母賈母擔心黛玉年幼無人照顧，派來僕人和船隻接她上京城。黛玉流着淚拜別父親，和奶娘及榮府中的幾個老

①【世襲】

指爵位、封邑、官職等一代繼一代地保持在一個血緣家庭中。

②【探花】

科舉考試中，第一名被稱爲狀元，第二名被稱爲榜眼，第三名被稱爲探花。

fù rén dēng zhōu ér qù
婦人登舟而去。

jiǎ yǔ cūn yě suí dài yù lái dào le jīng chéng tā píng zhe
賈雨村也隨黛玉來到了京城，他憑着

lín rú hǎi de yǐn jiàn xìn zhǎo dào le róng guó fǔ de dāng jiā rén
林如海的引薦信找到了榮國府的當家人

jiǎ zhèng jiǎ zhèng shì gè lǐ xián xià shì de rén yòu jiàn jiǎ yǔ
賈政。賈政是個禮賢下士的人，又見賈雨

cūn yǒu mèi fu xiě xìn jǔ jiàn biàn wèi tā móu le yí gè guān
村有妹夫寫信舉薦，便爲他謀了一個官

zhí méi guò duō jiǔ jiǎ yǔ cūn jiù dào jīn líng yìng tiān fǔ zuò
職。沒過多久，賈雨村就到金陵應天府做

guān qù le
官去了。

名師小講堂

　　賈寶玉生來就含着玉，所以受到了家人的重視。這是甚麼原因呢？在中國，遠在商周時代，因爲玉的樣子好看、色彩豐富，人們就開始佩戴玉，這樣不但能顯耀財富、身份，也寓意佩戴者有高貴的品德。古代人還認爲玉有驅妖辟邪的作用，所以賈寶玉的玉在賈家被視爲珍寶。

dài yù chū jìn róng guó fǔ
黛玉初進榮國府

wén zhōng zhòng diǎn miáo xiě le nǎ jǐ gè rén
1. 文中重點描寫了哪幾個人？

jiǎ bǎo yù hé lín dài yù chū cì xiāng jiàn què dōu yǒu sì
2. 賈寶玉和林黛玉初次相見卻都有似

céng xiāng shí de gǎn jué lián xì shàng yì huí xiǎng xiang
曾相識的感覺，聯繫上一回想想，

zhè shì wèi shén me
這是為甚麼？

dài yù zuò chuán dào le jīng chéng   dào le róng guó fǔ
黛玉坐船到了京城，到了榮國府。

dài yù zǒu jìn fáng nèi   zhǐ jiàn liǎng gè rén chān zhe yí wèi bìn
黛玉走進房內，只見兩個人攙着一位鬢

fà rú yín de lǎo fù rén yíng shang lai   dài yù zhī shì jiǎ mǔ
髮如銀的老婦人迎上來。黛玉知是賈母，

lái bu jí bài jiàn   jiù bèi wài zǔ mǔ yì bǎ lǒu rù huái zhōng
來不及拜見，就被外祖母一把摟入懷中。

dài yù bài jiàn le wài zǔ mǔ hòu   yòu yī yī bài jiàn guo zhòng
黛玉拜見了外祖母後，又一一拜見過眾

rén   guò le yí huì er   zhǐ jiàn sān gè nǎi mó mo   hé wǔ liù
人。過了一會兒，只見三個奶嬤嬤[1]和五六

gè yā huan   cù yōng zhe sān gè zǐ mèi lái le   dì yī gè jī
個丫鬟，簇擁着三個姊妹來了。第一個肌

①【嬤嬤】
中老年的女僕。

fū wēi fēng　　bí nì é zhī　　wēn róu kě qīn　　dì èr gè cháng
膚微豐，鼻膩鵝脂，溫柔可親；第二個　長

tiǎo shēn cái　　yā dàn liǎn miàn　　jùn yǎn xiū méi　　dì sān gè
挑身材，鴨蛋臉面，俊眼修眉；第三個

nián líng shàng xiǎo　　tā men shì jiǎ fǔ de sān wèi xiǎo jiě　　yíng
年齡尚小。她們是賈府的三位小姐：迎

chūn　　tàn chūn hé xī chūn　　dài yù máng qǐ shēn yíng shang lai
春、探春和惜春。黛玉忙起身迎上來

jiàn lǐ
見禮。

tū rán hòu yuàn zhōng yǒu rén xiào zhe shuō　　wǒ lái chí
突然後院中有人笑着說：「我來遲

le　　bù céng yíng jiē yuǎn kè　　dài yù xīn xiǎng　　zhè lǐ de
了，不曾迎接遠客！」黛玉心想：這裏的

rén gè gè liǎn shēng bǐng qì　　yán sù gōng jìng　　zhè ge rén shì
人個個斂聲屏氣，嚴肅恭敬，這個人是

shéi　　jìng gǎn zhè yàng wú lǐ　　dài yù zhèng bù zhī rú hé
誰，竟敢這樣無禮？① 黛玉正不知如何

①【突然後院中
有人笑着說：「我
來遲了，不曾迎
接遠客！」黛玉
心想：這裏的人
個個斂聲屏氣，
嚴肅恭敬，這個
人是誰，竟敢這
樣無禮？】

　　分析：未見其
人，先聞其聲。在
賈府這樣嚴肅的氣圍
裏，王熙鳳可以這樣
說話，體現出她的位
高權重，深得賈母喜
愛。

稱呼，眾姊妹都忙告訴她道：「這是璉嫂子。」黛玉忙賠笑見禮，以「嫂」稱呼。

熙鳳拉起黛玉的手，便用手帕擦眼淚。賈母笑道：「你又來招我！你妹妹剛來，身子又弱，快別再提這個了！」熙鳳聽了，忙轉悲爲喜道：「正是呢！我一見了妹妹，一心都在她身上了，又是喜歡，又是傷心，竟忘記了老祖宗。該打，該打！」①

眾人離開後，賈母又和黛玉說了會兒話。這時走進來一個年輕公子，黛玉一見，便大吃一驚，心想：好生奇怪！倒像在哪裏見過一般，怎麼這樣眼熟？

寶玉早已看見多了一個姊妹，便料定是林姑媽之女，忙來作揖。寶玉看罷，笑道：「這個妹妹我曾見過的。」②

①【熙鳳聽了，忙轉悲爲喜道：「正是呢！我一見了妹妹，一心都在她身上了，又是喜歡，又是傷心，竟忘記了老祖宗。該打，該打！」】

分析：王熙鳳善於察言觀色，很會揣摩賈母的心思。

②【寶玉看罷，笑道：「這個妹妹我曾見過的。」】

分析：寶黛二人都有「似曾相識」之感，相比於黛玉的謹慎小心，寶玉卻無所顧忌地直接說出口，二人的性格特點從細節處得以體現。

忽然寶玉問黛玉：「妹妹可有玉嗎？」

黛玉答道：「我沒有那個。」寶玉聽了，頓時發起狂來，摘下自己的玉，狠命摔在地上。賈母忙哄他道：「你這妹妹原來有這個的，只不過你姑媽去世時，捨不得你妹妹，所以將她的玉帶了去。所以她才說沒有玉，你拿這個跟她比甚麼？還不好生戴上，當心讓你娘知道了！」寶玉聽了之後信以為真，也就不鬧了。

名師小講堂

　　這一章精彩地展現了人物之間的對話。「三寸不爛之舌，兩行伶俐之齒」用來形容王熙鳳非常恰當。她隨口而出的生動說笑，使我們如聞其聲。王熙鳳憑藉她的三寸不爛之舌和出色的辦事能力掌管了賈府上上下下的事情，成為賈府名副其實的「總管」。

第三回

寶玉夢遊太虛境
bǎo yù mèng yóu tài xū jìng

提問

1. 薛寶釵的到來，給林黛玉的生活帶來了哪些改變？

2. 寶玉對判詞及「紅樓夢曲」感興趣嗎？

黛玉自來到榮府之後，賈母萬般憐愛，寢食起居都跟寶玉一樣。寶玉和黛玉二人也比別人更加親密友愛些。沒想到如今忽然來了一個薛寶釵①，年歲雖比黛玉大不了多少，但是她品格端方、容貌豐美，人們都說黛玉比不上她，就連那些小丫頭也喜歡和寶釵一起玩。因此，黛

①【薛寶釵】

　　賈寶玉的表姐，隨母親薛姨媽和哥哥薛蟠來到賈家居住。

①【悒鬱不忿】
憂鬱，不高興。

玉心中便有些悒鬱不忿①之意，寶釵卻渾然不覺。

一日，東邊寧府花園內的梅花盛開，賈珍之妻尤氏備下酒席，請眾人喝茶飲酒。

過了一會兒，寶玉睏了，賈蓉之妻秦氏引着寶玉來到上房內間讓他休息。寶玉剛合上眼便夢見朱欄白石，綠樹清溪，宛如仙境。忽聽山後有女子唱

歌的聲音。寶玉問道：「神仙姐姐，不知這裏是何處？還望攜帶攜帶。」那仙姑笑道：「我是太虛幻境的警幻仙姑。我那裏有訓練有素的舞女歌姬數人，以及新填的《紅樓夢》仙曲十二支，你可願意隨我一遊？」寶玉隨仙姑走進一間名爲「薄命司」的殿堂，只見一個櫃子的封條上大書七個字：「金陵十二釵正冊」。寶玉問：「何爲『金陵十二釵正冊』？」警幻道：「就是金陵著名的十二個女子的名冊。」寶玉道：「金陵那麼大，怎麼只有十二個女子？」警幻笑道：「我們只挑緊要的錄在這裏。正冊裏是最緊要的；旁邊還有副冊和又副冊，就是次要一些的；其他平常女子就沒有收錄。」

寶玉取「正冊」看，只見頭一頁上便畫着兩株枯木，木上懸着一圍玉帶，下面有一堆雪，雪裏埋着一支金簪。旁邊還有四句詞，道是：

可嘆停機德，堪憐詠絮才。

玉帶林中掛，金簪雪裏埋。

仙子們端上了仙茶和美酒，又有十二個美貌的舞女上來，將新寫成的《紅樓夢》十二支曲子一一演來。第一首唱的是：

都道是金玉良姻，俺只念木石前盟。空對着，山中高士晶瑩雪，終不忘，世外仙姝寂寞林。嘆人間，美中不足今方信。縱然是齊眉舉案，到底意難平。①

寶玉聽了這首曲子，覺不出內容有

①【都道是金玉良姻，俺只念木石前盟。空對着，山中高士晶瑩雪，終不忘，世外仙姝寂寞林。嘆人間，美中不足今方信。縱然是齊眉舉案，到底意難平。】

分析：這首詞暗示寶玉雖和寶釵結為夫妻，但他的意中人始終是黛玉。

甚麼特別之處，不過聽起來聲韻動聽淒
惋，因此也不多問，權且當作解悶而已。

又有一首唱的是：

一個是閬苑仙葩，一個是美玉無瑕。
若說沒奇緣，今生偏又遇着他，若說有
奇緣，如何心事終虛化？一個枉自嗟呀，
一個空勞牽掛。一個是水中月，一個是
鏡中花。想眼中能有多少淚珠兒，怎
經得秋流到冬盡，春流到夏！

名師小講堂

《紅樓夢》中不僅有很多精彩的故事，還有很多經典優美
的詩詞。這一章寫十二金釵的判詞與人物的結局巧妙地結合在
一起。黛玉、寶釵、元春、迎春、湘雲、妙玉、探春、惜春、
王熙鳳、巧姐、李紈、秦可卿、晴雯、襲人、香菱等人物的命
運將會怎樣，從這些詩詞中就可以讀出來。

第四回

劉姥姥一進榮國府

liú lǎo lao yī jìn róng guó fǔ

提問

1. chū cì chū chǎng de liú lǎo lao gěi rén yì zhǒng shén me
初次出場的劉姥姥給人一種甚麼
yàng de yìn xiàng
樣的印象？

2. zhōu ruì jiā de sòng lái gōng huā dài yù wèi hé bù gāo
周瑞家的送來宮花，黛玉為何不高
xìng
興？

jīng jiāo yǒu gè jiào liú lǎo lao de lǎo fù rén shēng huó shí
京郊有個叫劉姥姥的老婦人，生活十

fēn qīng kǔ zhè nián dōng tiān liú lǎo lao xiǎng qi èr shí nián
分清苦。這年冬天，劉姥姥想起二十年

qián nǚ xu jiā céng yǔ jīn líng de wáng jiā lián guò zōng yú
前女婿家曾與金陵的王家連過宗①，於

shì dài zhe wài sūn bǎn er lái dào jiǎ fǔ
是帶着外孫板兒來到賈府。

lái dào jiǎ fǔ zhōu ruì jiā de ② xiān xiàng fèng jiě de xīn
來到賈府，周瑞家的②先向鳳姐的心

fù yā tou píng er shuō míng le liú lǎo lao de lái yì
腹丫頭平兒說明了劉姥姥的來意。

liú lǎo lao bǐng shēng níng qì jìng jìng de hòu zhe bàn
劉姥姥屏聲凝氣，靜靜地候着。半

①【連過宗】

同姓的人連成一個宗族，認作本家。

②【周瑞家的】

是王夫人的陪房。常在大觀園及王夫人、王熙鳳處做事露面。

天不見響動，忽見兩個人把一張炕桌抬到這邊炕上，將撤下的飯菜都端了上來。這時，只見周瑞家的笑嘻嘻地走過來招呼他們過去。進了裏屋，鳳姐點頭，讓劉姥姥在炕沿上坐下，板兒便躲在背後，百般哄他出來作揖，他死活都不肯。

鳳姐笑道：「親戚們不大走動，都疏遠了。知道的呢，說你們棄厭我們，不肯常來；不知道的那些小人，還只當我們眼裏沒人似的。」①

劉姥姥忙念佛道：「我們家道艱難，走不起，來了這裏，沒的給姑奶奶打嘴，就是管家爺們看着也不像。論理今兒初次見姑奶奶，本不該說的，只是大老遠的奔了

①【鳳姐笑道：「親戚們不大走動，都疏遠了。知道的呢，說你們棄厭我們，不肯常來；不知道的那些小人，還只當我們眼裏沒人似的。」】

分析：鳳姐這樣說是想要表明賈府向來對親戚們一視同仁，沒有看不起鄉下的親戚。

你老這裏來，也少不得說了……」

鳳姐笑道：「剛才的意思，我已知道了。若論親戚之間，原該不等上門來就該有照應才是。今兒你既老遠的來了，又是頭一次向我張口，怎好叫你空回去呢？正巧昨兒太太給我的丫頭們做衣裳的二十兩銀子，我還沒動呢，你若不嫌少，就暫且先拿回去用吧。」

劉姥姥只管千恩萬謝，拿了銀錢感激不盡，從後門去了。周瑞家的送走劉姥姥後，去王夫人住處說了劉姥姥之事。正準備退出，薛姨媽道：「你等一下，我有一樣東西，你帶了去罷。」說着便叫丫鬟香菱把匣子裏的花兒拿了過來，對周瑞家的說道：「這是宮裏頭做的新鮮樣

fǎ　duī shā huā er　shí èr zhī　gěi tā men zǐ mèi men dài
法，堆紗花兒①十二枝，給她們姊妹們戴

qù　nǐ jiā de sān wèi gū niang　měi rén liǎng zhī　shèng xia
去。你家的三位姑娘，每人兩枝，剩下

liù zhī　sòng lín gū niang liǎng zhī　nà sì zhī gěi le fèng
六枝，送林姑娘兩枝，那四枝給了鳳

gē　ba
哥②罷。」

① 【堆紗花兒】

　用薄絹折叠縫製
成花朵。

② 【鳳哥】

　王熙鳳的小名。

zhōu ruì jiā de zǒu chu qu zhèng hǎo yù jiàn yíng chūn de
周瑞家的走出去正好遇見迎春的

yā huan sī qí　yǔ tàn chūn de yā huan shì shū èr rén zhèng xiān
丫鬟司棋③與探春的丫鬟侍書二人正掀

lián zi chū lai　zhōu ruì jiā de jiāng huā sòng shang shuō míng yuán
簾子出來，周瑞家的將花送上，說明緣

gù　jiē zhe sòng yǔ tàn chūn　xī chūn fèng jiě　biàn dào dài
故，接着送予探春、惜春、鳳姐，便到黛

yù fáng zhōng qù le
玉房中去了。

③ 【司棋】

　賈迎春的丫頭。
脾氣剛烈。

誰知此時黛玉不在自己房中，卻在寶玉房中。周瑞家的進來笑道：「林姑娘，姨太太派我送花兒來給姑娘戴。」黛玉便問道：「是單送我一人的，還是別的姑娘都有呢？」周瑞家的道：「各位都有了，這兩枝是姑娘的了。」黛玉再看了一看，冷笑道：「我就知道，別人不挑剩下的，也不給我。替我道謝罷！」①

①【黛玉再看了一看，冷笑道：「我就知道，別人不挑剩下的，也不給我。替我道謝罷！」】

分析：傳神之筆，將黛玉因寄人籬下而形成的多疑性格展示得淋漓盡致。

名師小講堂

我們每個人的性格都和成長環境有很大的關係。林黛玉幼年喪母，又離開父親來到外祖母家生活，她沒有兄弟姐妹，內心十分孤獨。黛玉在賈府雖然受到眾人的厚待，但她心中仍有寄人籬下的感覺，這讓她形成了凡事容易多心的性格。

第五回

比通靈金鎖有意
bǐ tōng líng jīn suǒ yǒu yì

提問 dài yù wèi hé yán tán zhōng liú lù zhe suān yì
黛玉爲何言談中流露着酸意？

近日薛寶釵生病了，寶玉來到梨香院看望。寶玉問：「姐姐可好些了？」寶釵抬頭見寶玉來了，連忙起身含笑答道：「已經好多了，多謝你記掛着。」寶釵接着說道：「成天聽人家說你的這塊玉，可還未曾細細地賞鑒，我今兒倒要瞧瞧。」說着便挪到近前來。寶玉也湊了上去，從脖子上摘下玉來，遞在寶釵

手內。寶釵托在掌上,只見它如雀卵般大小,燦若明霞,瑩潤如酥,邊沿又有五色花紋纏護,正面寫着「通靈寶玉」,還有一行小字寫的是「莫失莫忘,仙壽恆昌」,背面刻着「一除邪祟,二療冤疾,三知禍福」。

寶釵細細看着,口內念道:「莫失莫忘,仙壽恆昌。」丫鬟鶯兒[1]聽了,嘻嘻笑道:「我聽這兩句話,和姑娘項圈上的兩句話倒像是一對兒。」寶玉聽了,忙笑道:「原來姐姐那項圈上也有八個字,快也讓我賞鑒賞鑒。」寶釵道:「你別聽她的話,沒有甚麼字。」寶玉央求道:「好姐姐,你都瞧了我的呢,就讓我看看吧。」寶釵被他纏不過,只好解開排扣,從

①【鶯兒】

《紅樓夢》中薛寶釵的丫頭。原名黃金鶯,因薛寶釵嫌拗口,改叫鶯兒。

脖子上　將那金燦燦的項圈摘了下來。

項圈上有一隻金鎖，寶玉小心翼翼地

托着鎖看，正反兩面各有四個篆字，寫

的是「不離不棄，芳齡永繼」。

寶玉笑着說：「姐姐的這八個字倒真

與我的是一對。」

兩人正說話間，忽然聽外面人說：

「林姑娘來了。」話音未落，林黛玉已走了

進來，一見到寶玉，便笑道：「哎喲，我來

得不巧了！」寶玉忙起身笑着讓座，寶

釵道：「這話怎麼說？」黛玉笑道：「早知他

來，我就不來了。」接着又解釋道：「要來一

羣人都來，要不來一個也不來。今兒他來

了，明兒我再來，如此間隔開了，豈不是天

天都有人來？這樣既不至於太冷落，也不

至於太熱鬧了。姐姐怎麼還不明白我的意思？①

寶玉聽到這話，知道黛玉是借此奚落②他，也不好說甚麼，只好笑了笑。寶釵素知黛玉的脾氣，也並不介意。

①【接着又解釋道：「要來一羣人都來，要不來一個也不來。今兒他來了，明兒我再來，如此間隔開了，豈不是天天都有人來？這樣既不至於太冷落，也不至於太熱鬧了。姐姐怎麼還不明白我的意思？」】

分析：黛玉看見寶玉與寶釵親密相處的情形，已不由自主地流露出酸意。

②【奚落】
諷刺，譏笑。

名師小講堂

　　賈寶玉的通靈寶玉上的文字是：莫失莫忘，仙壽恆昌。薛寶釵的金鎖上的文字是：不離不棄，芳齡永繼。這兩句正好是一副對仗工整的吉利聯語，表達了對寶玉和寶釵成長的美好祝願。然而隨着賈府的衰敗，這兩句話卻成了空話。雖然最後寶玉和寶釵成婚了，過得卻並不幸福。可見想要擁有美好的生活，只有美好的祝願是不夠的，還要有很好的社會環境和個人的努力。

眾頑童大鬧學堂
zhòng wán tóng dà nào xué táng

提問

賈寶玉最怕的人是自己的父親賈政，
jiǎ bǎo yù zuì pà de rén shì zì jǐ de fù qīn jiǎ zhèng

想一想，賈政為何對寶玉如此嚴厲？
xiǎng yì xiǎng，jiǎ zhèng wèi hé duì bǎo yù rú cǐ yán lì

寧府的尤氏請王熙鳳前去逛逛，
níng fǔ de yóu shì qǐng wáng xī fèng qián qù guàng guang

寶玉也跟着一並去了。秦氏於是把她的弟
bǎo yù yě gēn zhe yí bìng qù le qín shì yú shì bǎ tā de dì

弟秦鐘帶了過來。寶玉與秦鐘十分投緣，
dì qín zhōng dài le guò lái bǎo yù yǔ qín zhōng shí fēn tóu yuán

於是邀請他到自家的家塾① 中學習，並擇
yú shì yāo qǐng tā dào zì jiā de jiā shú zhōng xué xí bìng zé

了後日一起上學。
le hòu rì yì qǐ shàng xué

恰好這日賈政回家早些，忽見寶玉進
qià hǎo zhè rì jiǎ zhèng huí jiā zǎo xiē hū jiàn bǎo yù jìn

來請安。跟寶玉去家塾的是乳母之子李貴，
lai qǐng ān gēn bǎo yù qù jiā shú de shì rǔ mǔ zhī zǐ lǐ guì

賈政問他道:「你們成日價跟他上學，
jiǎ zhèng wèn tā dào nǐ men chéng rì jie gēn tā shàng xué

①【家塾】

　　舊時把教師請到家裏來教自己的子弟讀書的私塾，有的兼收親友子弟。

他到底念了些甚麼書！」嚇得李貴回說：

「哥兒已念到第三本《詩經》了。」

賈政也撐不住笑了，說道：「哪怕再念三十本《詩經》，也都是掩耳盜鈴，哄人而已。你去請學裏太爺的安，就說我說了：不用學甚麼《詩經》古文了，只是先把『四書』一氣講明背熟，是最要緊的。①」李貴忙答應「是」，方退了出去。

① 【你去請學裏太爺的安，就說我說了：不用學甚麼《詩經》古文了，只是先把『四書』一氣講明背熟，是最要緊的。】

分析：《詩經》中有很多内容是民歌與情詩，因而賈政認爲其只是「哄人而已」。而「四書」是科舉考試用書，所以他認爲很重要。賈政完全是從實用功利的角度來決定寶玉要讀甚麼書。

這學中雖都是本族的子弟，但人多了，難免就龍蛇混雜。有兩個學生，外號「香憐」和「玉愛」，他們與寶、秦二人交好。

一日，塾師賈代儒有事回家去了，只留下一句七言對聯讓學生們對，又命長孫賈瑞暫時管理。秦鐘和香憐使了

個眼色，二人走到後院。秦鐘問他：「家裏的大人可管你交朋友不管？」一語未了，只聽背後咳嗽了一聲。二人嚇得忙回頭看時，原來是金榮。

秦鐘、香憐二人很生氣，忙進去向賈瑞告狀，說金榮無故欺負他倆。

賈瑞見秦鐘、香憐二人來告金榮，礙着寶玉的面子，雖然不好呵斥秦鐘，卻說香憐多事。玉愛偏偏打抱不平，和金榮隔座吵起架來。

茗煙① 年輕不諳世事，爲替主子出氣，先一把揪住金榮，嚇得滿屋中子弟都怔住了。

① 【茗煙】

　　賈寶玉的小廝，在寶玉外出的時候跟隨在他的身邊。

賈瑞忙喝道：「茗煙不得撒野！」金榮此時隨手抓了一根毛竹大板在手，地狹

rén duō　nǎ li jīng de wǔ dòng cháng bǎn　míng yān shēn shang
人多，哪裏經得舞動 長 板，茗煙身 上

zǎo ái le yì bǎn zi　bǎo yù de lìng wài sān gè xiǎo sī ná qi
早挨了一板子。寶玉的另外三個小廝拿起

mén shuān hé mǎ biān zi　fēng yōng ér shàng zhòng wán tóng yě
門 閂和馬鞭子，蜂 擁 而 上。眾 頑 童也

yǒu chèn shì bāng zhe dǎ tài píng quán zhù lè de　yě yǒu dǎn
有 趁 勢 幫 着 打太 平 拳助 樂 的，也有 膽

xiǎo cáng zài yì biān de　yě yǒu zhí lì zài zhuō shang pāi zhe
小 藏 在一 邊 的，也有 直 立 在 桌 上 拍 着

shǒu er luàn xiào　hǎn zhe jiào dǎ de　xué táng li dùn shí
手 兒 亂 笑、喊 着 叫 打 的。① 學 堂 裏 頓 時

jiān dǐng fèi qi lai
間 鼎 沸 起 來。

cǐ shí jiǎ ruì yě pà shì qing nào dà le　zhǐ dé wěi qū
此 時 賈 瑞 也 怕 事 情 鬧 大 了，只 得 委 曲

zhe lái yāng qiú qín zhōng　yòu yāng qiú bǎo yù　bǎo yù shuō
着 來 央 求 秦 鐘，又 央 求 寶 玉。寶 玉 說：

① 【眾頑童也有趁勢幫着打太平拳助樂的，也有膽小藏在一邊的，也有直立在桌上拍着手兒亂笑、喊着叫打的。】

分析：打鬧、吵嚷，一系列的動作描寫將「鬧學堂」的情景描繪得生動可見。

「不去回老太太也罷了，只叫金榮賠不是便罷。」金榮先是不肯，後來賈瑞逼他去賠不是，李貴等人也勸金榮說：「原是你惹的事，你不賠禮，怎麼了結？」金榮只得與秦鐘作了揖。寶玉還不依，偏要他磕頭。金榮只好磕頭了事。

名師小講堂

賈寶玉進學堂是爲了考取功名，可是卻在讀書的掩蓋下與眾學童大鬧學堂。俗話説「冰凍三尺，非一日之寒」，這次鬧學反映了賈家腐朽的家風和學堂不正的學習風氣，所以學童們小小年紀便不務正業。可見學習環境的好壞對讀書來説非常重要。

第七回

鳳姐協理寧國府
fèng jiě xié lǐ níng guó fǔ

提問

鳳姐是通過哪些事件在寧國府樹
fèng jiě shì tōng guò nǎ xiē shì jiàn zài níng guó fǔ shù
立起自己的權威的？
lì qǐ zì jǐ de quán wēi de

一天晚上，鳳姐睡眼朦朧，突然二
yì tiān wǎn shang fèng jiě shuì yǎn méng lóng tū rán èr
門上傳事雲板連叩四下，報喪的聲音
mén shang chuán shì yún bǎn lián kòu sì xià bào sāng de shēng yīn
將鳳姐驚醒。有人匆匆向鳳姐報告：
jiāng fèng jiě jīng xǐng yǒu rén cōng cōng xiàng fèng jiě bào gào
「東府蓉大奶奶没了！」鳳姐聽了，嚇出了
dōng fǔ róng dà nǎi nai méi le fèng jiě tīng le xià chu le
一身冷汗，定了定神，急急忙忙穿好
yì shēn lěng hàn dìng le dìng shén jí jí máng máng chuān hǎo
衣服，來到王夫人住處。
yī fu lái dào wáng fū rén zhù chù

寧榮二府的人聽説了秦可卿的死訊，
níng róng èr fǔ de rén tīng shuō le qín kě qīng de sǐ xùn
想到她平日對長輩孝順、與平輩和睦、
xiǎng dào tā píng rì duì zhǎng bèi xiào shùn yǔ píng bèi hé mù

對晚輩慈愛，無不傷心落淚。這時，秦可卿的父親和弟弟也來了，賈珍一面吩咐子弟去陪客，一面還要處理其他事務，便請鳳姐過來幫忙料理家事。鳳姐爽快地答應了。

第二天一早，鳳姐便來到寧國府，向眾人宣佈了自己辦事的規矩，然後按照名冊一邊檢視人名，一邊安排任務，將一切事務安排得有條不紊①，每個人也清楚了自己的分內職責。

這天鳳姐漱口後來到抱廈②，開始按名查點，結果只有一個負責迎送親客的僕人還沒有到，鳳姐立即派人將其叫來，那人趕來時面露懼色。鳳姐一見來人，冷笑道：「你是不是覺得自己身份體面，所

①【有條不紊】

形容做事、說話有條有理，絲毫不亂。

②【抱廈】

房屋前面加出來的門廊，也指後面連著的小房子。

029

以才敢不聽我的話？」那人倒頭便拜，說：

「小人天天都來得早，只是今天睡過了頭，

求奶奶饒過這次吧。」正說着，只見榮國

府中的王興媳婦來了，正往前探頭。

於是鳳姐問：「王興媳婦有甚麼事？」

王興媳婦連忙進去說：「領牌取線，固

定轎子。」說完把帖子遞了上去。彩明

接過帖子念道：「大轎兩頂，小轎四頂，

車四輛，共用大小絡子若干根，用珠兒

線若干斤。」鳳姐聽完，與實際用度一致，

便讓彩明登記，把榮國府的對牌扔給

王興家的。鳳姐正要說話時，見榮國

府又有四人來領牌支取東西。鳳姐聽了四

件，指着其中的兩件說道：「這兩件開

銷錯了，算清楚再來。」說完把帖子扔

到腳下，那些人掃興離開。

這時，鳳姐才看着下跪之人，說道：

「明天他也睡過頭，後天我也睡過頭，將來都沒有人幹活了。本來有心饒你這一次，只是這一次放寬了，下次就更難管了！」說完，命人將其拉出去，重責二十板子。又把寧國府的對牌扔下，對眾人說：「告訴來升，罰他一個月的月錢！」至此，眾人都知道鳳姐的厲害，從此辦事不敢有絲毫怠慢，寧府那些辦事無頭緒、混亂、推脫、偷懶、竊取等諸多弊端都沒有了。鳳姐見自己威重令行[①]，心中十分得意。

①【威重令行】

權勢大，有令必行。

隨着發喪之日臨近，鳳姐要處理的事務更多了，有時候竟忙得連喝茶吃飯

①【常常是剛到寧府，榮府的人跟到寧府；回到榮府，寧府的人又來請示。】

分析：鳳姐一人兼理榮、寧兩府的事務，且井井有條，充分體現了鳳姐卓越的管理才能。

de gōng fu dōu méi yǒu　cháng cháng shì gāng dào níng fǔ　róng
的 工 夫 都 沒 有 ， 常 常 是 剛 到 寧 府 ， 榮

fǔ de rén gēn dào níng fǔ　huí dào róng fǔ　níng fǔ de rén
府 的 人 跟 到 寧 府 ； 回 到 榮 府 ， 寧 府 的 人

yòu lái qǐng shì　fèng jiě jiàn le　xīn zhōng fǎn ér shí fēn
又 來 請 示 。① 鳳 姐 見 了 ， 心 中 反 而 十 分

gāo xìng　bàn shì gèng jiā qín miǎn　bù gǎn yǒu sī háo xiè dài
高 興 ， 辦 事 更 加 勤 勉 ， 不 敢 有 絲 毫 懈 怠 ，

zhòng rén jiàn fèng jiě bàn shì jǐng jǐng yǒu tiáo　wú bù duì qí
眾 人 見 鳳 姐 辦 事 井 井 有 條 ， 無 不 對 其

chēng dào
稱 道 。

名師小講堂

一開始鳳姐把家中事務管理得井井有條，讓人佩服，可她在寧國府的影響並不大。當協理寧國府這樣一個機會擺在王熙鳳面前時，她及時把握了機會。由於在這次喪事中鳳姐表現得非常出色，在大家面前也賺足了面子，所以她在寧、榮二府中的地位也提高了。

第八回

鳳姐弄權鐵檻寺
fèng jiě nòng quán tiě kǎn sì

提問 水月庵住持淨虛是如何讓鳳姐幫忙的？
shuǐ yuè ān zhù chí jìng xū shì rú hé ràng fèng jiě bāng máng de?

這天，為秦可卿送葬的隊伍來到了鐵檻寺，眾僧人一起出來迎接靈柩。鳳姐覺得住在廟裏不方便，很早就派人和附近水月庵的尼姑淨虛說好，讓淨虛打掃出兩間客房備用。

淨虛見鳳姐跟前只留下貼身的心腹小丫頭，便趁機說道：「我正有一事，要到府裏求太太，先請示一下奶奶。」鳳姐問

是甚麼事。淨虛回道:「有個施主姓張,是個大財主。他有個女兒小名金哥,每年都到我廟裏來進香。有一年上香時,遇見了長安府太爺的小舅子李衙內。那李衙內一眼就相中了金哥,要娶金哥,打發人來求親,沒有想到金哥已經收了原任長安守備①的公子的聘禮。張家若退親,又怕守備不依,因此說已經聘了人家。誰知李公子執意不依,定要娶他女

①【守備】

清朝時管理軍隊總務、軍餉、軍糧的職務,是正五品官。

兒，張家正無計策，兩處為難。沒想到這事傳到守備家中，守備也不問清，來到張家辱罵，說一個女兒許幾家，偏不許退定禮。張家賭氣一定要退定禮，守備偏偏不同意，於是就打起了官司。為打贏官司，那張家託人上京來尋門路。我想，如今長安節度使雲老爺與府上相熟，可以求太太與老爺說聲，打發一封信去，求雲老爺和那守備說一聲，不怕那守備不依。若是肯行，張家連傾家孝順也都情願。」

鳳姐聽完，笑道：「這事倒不大，只是太太再不管這樣的事。」淨虛道：「太太不管，奶奶做主也可以啊。」鳳姐笑道：「我也不等銀子使，也不做這樣的事。」

淨虛見鳳姐無意幫忙，過了好一會兒，嘆道：「話雖這麼說，只是張家已經知道我來求府裏，如今這事辦不成，知道的，知道府上沒有閒工夫，不稀罕他的謝禮；不知道的，還以為府裏連這點子手段也沒有。」

鳳姐聽了這話，便來了興致，說道：「你是向來了解我的，從來不信甚麼是陰司地獄報應，不管甚麼事，我要說行就行。你叫他拿三千銀子來，我就替他出這口氣。」① 淨虛聽鳳姐這麼一說，喜不自禁，忙說：「有，有，這個不難。」鳳姐不顧疲勞，將淨虛所託之事，悄悄告訴小廝來旺兒，並假託賈璉所囑，寫了一封信，連夜送往長安縣，不過百里路程，不到兩

① 【鳳姐聽了這話，便來了興致，說道：「你是向來了解我的，從來不信甚麼是陰司地獄報應，不管甚麼事，我要說行就行。你叫他拿三千銀子來，我就替他出這口氣。」】

分析：這句話把王熙鳳愛財的秉性表露無疑，只要給錢，便不問是非曲直。表面上雖說不缺銀子，得了銀子是為了給小廟作盤纏，實際上卻自己獨吞了。

日的時間就已經辦妥。果然那守備忍氣吞聲地接受了前聘之物。誰知那張家父母貪財愛勢，卻養了一個知義多情的女兒，聞得父母退了前夫，她便一條麻繩悄悄地了結了自己。那守備之子也是個多情之人，也投河而死。

名師小講堂

寧國府發喪，王熙鳳住在了水月庵。水月庵住持用激將法讓王熙鳳出面處理一場官司，王熙鳳借此白白得了三千兩銀子。這暴露了王熙鳳自大愛財、心狠手辣的性格特徵。雖然鳳姐說過「從來不信甚麼是陰司地獄報應，不管甚麼事，我要說行就行」，但是做這種傷天害理的事情也讓鳳姐吃了不少苦頭。

第九回

元春省親大觀園
yuán chūn xǐng qīn dà guān yuán

提問

林黛玉聽元春評價寶玉寫的詩後
lín dài yù tīng yuán chūn píng jià bǎo yù xiě de shī hòu

為甚麼暗自高興？
wèi shén me àn zì gāo xìng

話說賈寶玉的姐姐，因生於正月
huà shuō jiǎ bǎo yù de jiě jie　yīn shēng yú zhēng yuè

初一所以名元春，後應選入宮，又加
chū yī suǒ yǐ míng yuán chūn　hòu yìng xuǎn rù gōng　yòu jiā

封為妃。因要省親①，賈府商議興建省
fēng wéi fēi　yīn yào xǐng qīn　jiǎ fǔ shāng yì xīng jiàn xǐng

親別院。選址從東府花園起轉至北邊，
qīn bié yuàn　xuǎn zhǐ cóng dōng fǔ huā yuán qǐ zhuǎn zhì běi bian

一共丈量了三里半，並派人畫了圖樣，
yí gòng zhàng liáng le sān lǐ bàn　bìng pài rén huà le tú yàng

選了吉日，安排好人手便破土動工了。
xuǎn le jí rì　ān pái hǎo rén shǒu biàn pò tǔ dòng gōng le

不知過了多長時間，省親別院竣
bù zhī guò le duō cháng shí jiān　xǐng qīn bié yuàn jùn

工了。
gōng le

①【省親】
指歸家探望父母
的禮俗。

賈妃定於次年正月十五省親，賈府

為了籌備，連年都沒有好好過。

到了正月十五晚上，只見一隊一隊

太監走過，後面才見八個太監抬着一頂

金頂鳳輿①，緩緩行來。一番儀式過後，

元春兩眼含淚，上前與家人相見。她

一手攙着賈母，一手攙着王夫人，三個

人滿心裏都有許多話要説，只是一時不知

從何説起，於是只好嗚咽對泣。

寶玉自幼便與元春姐弟情深，一見

面元春便將寶玉摟在懷中，撫摸着他

的頭説道：「比以前長高了好些……」一

句話沒有説完，已經淚如雨下。

飯後，元春命人送來筆硯，讓眾姐

妹以園中景致為題寫詩，並讓寶玉為

①【鳳輿】

古代帝王的車乘。

039

自己最喜歡的四個地方，即瀟湘館、蘅蕪苑、怡紅院、浣葛山莊分別題一首五言律詩。

黛玉見寶玉寫出三首，還差「杏簾在望」一首，便說道：「既然這樣，你只抄錄前面三首罷。等你抄完那三首，我也替你作出這首來了。」

①說完，低頭一想，早已吟成一律，便寫在紙條上，揉成紙團，扔到寶玉跟前。①寶玉打開一看，只覺此首比自己所作的三首高過十倍，真是喜出望外，於是連忙工整地抄完，呈給元春。

元春看完後，喜之不盡，說：「果然進步了！」又說「杏簾」一首居四首之冠，尤其是其中「一畦春韭綠，十里稻花香」

①【說完，低頭一想，早已吟成一律，便寫在紙條上，揉成紙團，扔到寶玉跟前。】

分析：黛玉幫寶玉作詩，一來展示出她的才情之高，二來顯示出她與寶玉的關係不一般。

一句寫得最好，於是將「浣葛山莊」改爲

「稻香村」。黛玉聽完心裏暗自高興。

元春讓宮中太監把自己從宮

中帶來的禮物分發給賈府眾人。眾人

謝恩之後，執事太監說：「時辰已到，請

賈妃起駕回宮。」元春聽了，不由得滿

眼又滾下淚來，卻又勉強堆笑，拉住賈

母、王夫人的手，緊緊地不忍放開。賈妃

雖不忍離別，也不敢違抗皇家規矩，只

得忍痛上輿走了。

名師小講堂

賈元春因爲賢孝才德，被晉升爲妃子，這爲家族帶來了無限的榮耀，但她在帝王之家沒有自由自在的生活。爲了「元妃省親」，賈府特意修建了大觀園。面對賈府的鋪張浪費，元春盡力去勸說。可是賈府的開支卻愈來愈大，這也加速了這個封建家族最後的衰落滅亡。

第十回

情真意切花解語
qíng zhēn yì qiè huā jiě yǔ

提問
cóng nǎ xiē fāng miàn kě yǐ kàn chū xí rén bìng bú shì
從哪些方面可以看出襲人並不是
zhēn de xiǎng lí kāi bǎo yù
真的想離開寶玉？

①【李奶奶】
指寶玉的奶媽李嬤嬤。

②【寶玉正要發作，襲人連忙笑着答道：「原來是留的這個，多謝費心。前兒我吃的時候好吃，吃過了肚子一直疼，直到吐了才好。她吃了也好，放在這裏不是白白糟蹋了？」】
襲人並非真的不喜歡吃酥酪，而是怕寶玉因為這件事與奶媽李嬤嬤發生爭吵。由此可見襲人是一個體貼、識大體的人。

yì tiān　　xí rén huí lai hòu　　bǎo yù ràng rén bǎ shàng wǔ
一天，襲人回來後，寶玉讓人把上午
gěi tā liú de sū lào qǔ lai　　yā huan men huí shuō　　sū lào
給她留的酥酪取來。丫鬟們回說：「酥酪
bèi lǐ nǎi nai chī le　　bǎo yù zhèng yào fā zuò　　xí rén lián
被李奶奶①吃了。」寶玉正要發作，襲人連
máng xiào zhe dá dào　　yuán lái shì liú de zhè ge　　duō xiè fèi
忙笑着答道：「原來是留的這個，多謝費
xīn　　qián er wǒ chī de shí hou hǎo chī　　chī guo le dù zi yì zhí
心。前兒我吃的時候好吃，吃過了肚子一直
téng　　zhí dào tù le cái hǎo　　tā chī le yě hǎo　　fàng zài zhè lǐ
疼，直到吐了才好。她吃了也好，放在這裏
bú shì bái bái zāo ta le
不是白白糟蹋了？」②

bǎo yù zhèng bú zì zai　　yòu tīng xí rén tàn qì dào
寶玉正不自在，又聽襲人嘆氣道：

「自從我來這幾年，姊妹們都沒有機會在一起。如今我要回去了，她們卻又要離開了。」寶玉聽了不覺吃了一驚，忙問道：「怎麼，你現在也要回去了？」襲人道：「我今兒聽見我媽和哥哥商議，讓我再忍耐一年，明年他們過來，就要贖我出去呢。」寶玉聽了這話，愈發不明白了，於是問：「爲甚麼要贖你？」襲人道：「我們全家都在別處，只有我一個人在這裏，讓我將來怎麼辦？」寶玉道：「我不放你去也難。」襲人回道：「自古就沒有這樣的理，即便是在宮裏，也有規定，或者幾年一選，幾年一入，沒有把人常留不放的，何況是你！」

寶玉想想襲人説得也有道理，但轉念一想，對襲人説：「老太太不放你，

你也不可能離開。」襲人回答道:「老太太爲甚麼不放?其實,我也不過是普通人,比我強得多的人有的是。我走了,還會有更好的來,不是沒有我就不行的。」寶玉聽了,想了半天才說道:「照你這麼說,你是去定了?」襲人道:「去定了。」

見寶玉默默睡覺去了,襲人知道剛才的話起了作用,於是過去推寶玉。發現寶玉躺在牀上淚流滿面,襲人笑着說

道：「這有甚麼傷心的？你要是真心留我，我自然就不出去了。」寶玉一聽這話，便問襲人怎樣才肯留下來。襲人借這個機會勸寶玉今後要好好讀書，行事要端正，寶玉都一一答應了。

名師小講堂

　　賈府的丫頭們看起來個個都「穿錦羅綢緞，吃細米白飯」，但是她們之所以享有這樣的待遇，是爲了顯示家族豪華氣派。其實，這些丫頭的出身都非常貧苦。寶玉的丫鬟襲人家境更是貧寒，小時候因爲家裏沒飯吃，爹娘快要餓死，爲了換得幾兩銀子才把襲人賣給賈府當了丫頭。在賈府這樣的成長環境中，襲人學會了小心翼翼地伺候寶玉，並且督促他讀書學習。所以，襲人也得到了寶玉母親王夫人的信任。

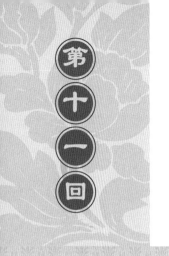

第十一回

瀟湘館春困發幽情

黛玉在怡紅院被拒，本想說出自己的名字，但最終爲甚麼沒有說？

這天寶玉出了怡紅院，在大觀園裏閒逛，順着腳一路來到一個院門前，抬頭往門上一看，見匾上寫着「瀟湘館」三字。寶玉走至窗前，覺得一縷幽香從碧紗窗中暗暗透出，於是把臉貼在紗窗上看裏面，這時忽聽得黛玉細細地長嘆了一聲道：「每日家情思睡昏昏。」再仔細看時，只見黛玉在牀上伸

懶腰。寶玉在窗外笑道:「爲甚麼『每日家情思睡昏昏』?」一面説,一面掀簾子進來了。

林黛玉自己覺得忘情,不覺紅了臉,拿袖子遮了臉,翻身向裏裝睡着了。寶玉才走上來要扳她的身子,只見黛玉的奶娘及兩個婆子進來説:「妹妹睡覺呢,等醒了再來吧。」

正説着,黛玉便翻身向外,坐起來,笑道:「誰睡覺呢?」婆子見黛玉起來,便叫紫鵑進來伺候黛玉梳洗。

寶玉和黛玉兩人正説着話,只見襲人走來説道:「快回去穿衣服,老爺叫你呢。」寶玉聽了,感覺如晴天霹靂,也顧不得別的,急忙回去穿衣服。

出了園子才知道，原來薛蟠明日過生日，又有人送了新鮮東西，於是請了一幫朋友過來喝酒慶賀，爲了叫寶玉來赴宴才謊稱賈政叫他出來的。

林黛玉聽見寶玉被賈政叫走，一天都沒有回來，心中十分替他憂慮。晚飯後，聽說寶玉回來了，心裏便想問問怎麼樣了，於是向寶玉的住處怡紅院走來，她見寶釵進了寶玉的院內，自己

也便隨後走了過來。到了怡紅院，黛玉便用手敲門。誰知剛好晴雯①和碧痕拌了嘴，沒好氣，又見寶釵來了，於是把氣撒在了寶釵身上，正在院內抱怨說：「有事沒事跑來坐着，叫我們三更半夜的不得睡覺！」②林黛玉一向知道丫頭們的性情，她們彼此玩耍慣了，恐怕院內的丫頭沒聽出是她的聲音，因而又高聲說道：「是我，還不開嗎？」晴雯偏偏沒有聽出來，便使性子說道：「憑你是誰，二爺吩咐的，一概不許放人進來呢！」林黛玉聽了，不覺在門外氣惱，愈想愈傷感，也不顧夜間風寒，獨自一人在牆角邊花陰下，悲悲戚戚地嗚咽起來。

黛玉正一個人暗自悲泣，忽聽院門

①【晴雯】

寶玉的丫鬟，性格直率、任性，是個伶牙俐齒、敢作敢為的女孩。

②【誰知剛好晴雯和碧痕拌了嘴，沒好氣，又見寶釵來了，於是把氣撒在了寶釵身上，正在院內抱怨說：「有事沒事跑來坐着，叫我們三更半夜的不得睡覺！」】

分析：晴雯對寶釵及黛玉的語言充分表露了其直率、敢於反抗的性格。

049

響起，只見寶玉、襲人一羣人送寶釵出來。她自覺無趣，便轉身回到住處。倚着牀欄杆，兩手抱着膝，眼睛含着淚，好似木雕泥塑的一般，直坐到二更多天，方才睡了。

次日爲芒種節，古時風俗：芒種節這一天，要擺設各種禮物，爲花神餞行。意思是說芒種一過，便是夏日了，花神退位，須要餞行。這一風俗尤其在女孩子中間非常盛行，所以大觀園中的人都早早起來了，在園中做餞花會，寶釵、迎春、探春、惜春等人及眾丫頭在園內玩耍，獨不見黛玉。原來黛玉因昨日失眠起晚了，聽說眾姐妹在園中做餞花會，擔心別人笑她痴懶，

連忙梳洗了出來。黛玉剛到了院中，就見寶玉進門來了，林黛玉正眼也不看寶玉，出了院門，找別的姊妹去了。寶玉心中納悶，不知道自己又是哪裏衝撞了黛玉。

寶玉知道黛玉是躲到別處去了，想了一想，覺得還是等她的氣消一消再去找她。

名師小講堂

晴雯不給黛玉開門，惹得黛玉又是傷感又是落淚。黛玉的這種舉動與多愁善感的性格有關，也反映出她住在賈府，感覺寄人籬下，養成了處處小心謹慎的習慣與愛猜忌的性格。

埋香塚黛玉泣殘紅
máixiāng zhǒng dàiyù qì cán hóng

提問

1. 寶玉聽到黛玉訴說的哪些話而傷
bǎo yù tīng dào dài yù sù shuō de nǎ xiē huà ér shāng
感？他為何傷感？
gǎn   tā wèi hé shāng gǎn

2. 為甚麼黛玉說到「短命」二字便住
wèi shén me dài yù shuō dào duǎn mìng èr zì biàn zhù
口離開了？
kǒu lí kai le

寶玉見黛玉躲到了別處，想了一想，
bǎo yù jiàn dài yù duǒ dào le bié chù xiǎng le yì xiǎng

索性遲兩日，等她的氣消一消再去找她，
suǒ xìng chí liǎng rì děng tā de qì xiāo yì xiāo zài qù zhǎo tā

因低頭看見鳳仙、石榴等各色鮮花，重
yīn dī tóu kàn jiàn fèng xiān shí liu děng gè sè xiān huā chóng

重地落了一地，於是嘆息道：「這是林妹妹
chóng de luò le yí dì yú shì tàn xī dào zhè shì lín mèi mei

心裏生了氣，也不來收拾這花兒了。」說
xīn li shēng le qì yě bù lái shōu shi zhè huā er le shuō

着，就聽山坡那邊有鳴咽之聲，一邊還
zhe jiù tīng shān pō nà bian yǒu wū yè zhī shēng yì biān hái

念着：
niàn zhe

huā xiè huā fēi fēi mǎn tiān　hóng xiāo xiāng duàn yǒu shéi
花謝花飛飛滿天，紅消香斷有誰

lián
憐？

yóu sī ruǎn xì piāo chūn xiè　luò xù qīng zhān pū xiù lián
游絲軟繫飄春樹，落絮輕沾撲繡簾。

guī zhōng nǚ ér xī chūn mù　chóu xù mǎn huái wú shì chù
閨中女兒惜春暮，愁緒滿懷無釋處，

shǒu bǎ huā chú chū xiù lián　rěn tà luò huā lái fù qù
手把花鋤出繡簾，忍踏落花來復去。

……

nóng jīn zàng huā rén xiào chī　tā nián zàng nóng zhī shì
儂今葬花人笑痴，他年葬儂知是

shéi
誰？

shì kàn chūn cán huā jiàn luò　biàn shì hóng yán lǎo sǐ shí
試看春殘花漸落，便是紅顏老死時。

一朝春盡紅顏老，花落人亡兩不知。①

寶玉聽到「一朝春盡紅顏老，花落人亡兩不知」等句時，心有所感，不覺在山坡上感懷嗚咽起來。

過了一會兒，只見林黛玉在前頭走，寶玉連忙趕上去說道：「你且站住。我知你不理我，我只說一句話，從今以後兩不相干，再也不找你說話了。」

黛玉耳內聽了這話，眼內見了這情景，心內不覺灰了大半，也不覺滴下淚來，低頭不語。寶玉見她這般情景，又接着說道：「我也知道我如今不好了，但無論怎麼不好，也萬萬不敢在妹妹跟前有錯處。便有一二分錯處，你倒是告訴我，讓我不

敢有下次，或罵我兩句，打我兩下，我都

不灰心。」

黛玉聽了這話，不覺將昨晚的氣都

拋到九霄雲外①了，便說道：「既然你這

麼說，昨兒爲甚麼我去了，你不叫丫頭開

門？」寶玉詫異道：「這話從哪裏說起？我

要是這麼樣，立刻就死了！」林黛玉啐道：

「大清早起死呀活的，也不忌諱！你說有

呢就有，沒有就沒有，起甚麼誓呢。」寶

玉道：「實在沒有見你去。就是寶姐姐坐了

一坐，就出來了。」林黛玉想了一想，笑

道：「想必是你的丫頭們偷懶不想動，喪

聲歪氣的也是有的。」寶玉道：「一定是

這個緣故。等我回去問了是誰，教訓教訓

她們就好了。」二人正說話，只見丫頭來

①【九霄雲外】

在九重天之外。比喻極遠的地方或遠得無影無蹤。

qǐng tā men chī fàn　　 yú shì dōu wǎng qián tou lái le
請他們吃飯，於是都往前頭來了。

名師小講堂

　　林黛玉出生於書香門第，從小讀了很多書，又拜賈雨村爲師學習了很多詩詞歌賦，所以她很有創作才能，寫的詩歌非常好。《葬花吟》是林黛玉吟誦的一首古體詩，很適於歌唱。《葬花吟》寫出了林黛玉的生活狀况，她把自己比喻成一朵芬芳嬌嫩的花朵，悄悄地開放，又經歷了狂風暴雨的摧殘，悲慘的遭遇令人同情。

痴情女情重愈斟情

chī qíng nǔ qíng zhòng yù zhēn qíng

提問 bǎo yù wèi shén me huì shuāi yù ne
寶玉為甚麼會摔玉呢？

且說寶玉因見林黛玉又病了，心裏
放不下，飯也懶得去吃，不時來問。黛玉也
擔心他有個好歹，便說道：「你只管去，
在我這裏做甚麼？」寶玉立刻沉下臉來說
道：「我白認得了你。」林黛玉冷笑了兩聲，
說道：「我也知道白認得了我，我哪裏像人
家，有甚麼配得上呢！」①

寶玉聽了這話，氣得心裏乾噎，口裏

①【林黛玉冷笑
了兩聲，說道：
「我也知道白認得
了我，我哪裏像
人家，有甚麼配
得上呢！」】

分析：黛玉的話
是暗指寶玉的玉和
寶釵的金鎖可以配成
一對。這是黛玉因為
在意寶玉而說出的氣
話。

shuō bu chū huà lai　　biàn dǔ qì xiàng jǐng shang zhuā xia tōng líng
說 不 出 話 來，便 賭 氣 向 頸 上 抓 下 通 靈

bǎo yù lai　　yǎo yá hěn mìng wǎng dì xia yì shuāi dào　　shén
寶 玉 來，咬 牙 狠 命 往 地 下 一 摔 道：「 甚

me láo shí zi①　　wǒ zá le nǐ wán shì　　shuāi le yí xià　　jìng
麼 勞 什 子①，我 砸 了 你 完 事 !」摔 了 一 下，竟

①【勞什子】
　　是對某種東西表
示厭惡的稱呼。

sī háo wú sǔn　　dài yù jiàn tā rú cǐ　　zǎo yǐ kū qi lai　　shuō
絲 毫 無 損。黛 玉 見 他 如 此，早 已 哭 起 來，說

dào　　hé kǔ lái　　nǐ yòu shuāi zá nà yǎ ba wù jiàn　　yǒu zá
道：「 何 苦 來 ! 你 又 摔 砸 那 啞 巴 物 件。有 砸

tā de　　bù rú lái zá wǒ　　bǎo yù lěng xiào dào　　wǒ zá
它 的，不 如 來 砸 我 !」寶 玉 冷 笑 道：「 我 砸

wǒ de dōng xi　　yǔ nǐ men shén me xiāng gān
我 的 東 西，與 你 們 甚 麼 相 干 ?」

lín dài yù yuè fā shāng xīn de dà kū qi lai　　xīn li yì
林 黛 玉 愈 發 傷 心 地 大 哭 起 來。心 裏 一

fán nǎo　　fāng cái chī de jiě shǔ tāng biàn chéng shòu bú zhù　　wā
煩 惱，方 才 吃 的 解 暑 湯 便 承 受 不 住，哇

de yì shēng dōu tù le chū lái　　zǐ juān máng shàng qián yòng
的 一 聲 都 吐 了 出 來。紫 鵑 忙 上 前 用

shǒu pà zi jiē zhù　　bù yí huì er yì kǒu yì kǒu de bǎ zhěng
手 帕 子 接 住，不 一 會 兒 一 口 一 口 地 把 整

kuài shǒu pà zi dōu tù shī le　　xuě yàn máng shàng lai chuí
塊 手 帕 子 都 吐 濕 了，雪 雁 忙 上 來 捶。

bǎo yù jiàn dài yù liǎn hóng tóu zhàng　　yì biān tí kū　　yì biān
寶 玉 見 黛 玉 臉 紅 頭 漲，一 邊 啼 哭，一 邊

chuǎn qì　　yì háng shì lèi　　yì háng shì hàn　　róu ruò bù kān
喘 氣，一 行 是 淚，一 行 是 汗，柔 弱 不 堪。

bǎo yù jiàn le zhè bān　　yòu hòu huǐ zì jǐ fāng cái bù gāi
寶 玉 見 了 這 般，又 後 悔 自 己 方 才 不 該

同她較真，這會子她這樣光景，自己又替不了她。① 紫鵑一面收拾了吐的湯，一面拿扇子替黛玉輕輕地扇着，見鴉雀無聲，各自哭各自的，不由得傷心起來，也拿手帕子擦淚。

過了一會兒，襲人勉強向寶玉道：「你不看別的，你看看這玉上穿的穗子，也不該同林姑娘拌嘴。」黛玉聽了，也不顧病，趕來奪過去，順手抓起一把剪子來就鉸。襲人、紫鵑剛要奪時，已經剪成了好幾段。黛玉哭道：「我也是白效力。他也不稀罕，自有別人替他再穿好的去。」襲人忙接了玉道：「何苦來！這是我剛才多嘴的不是了。」寶玉向林黛玉道：「你只管剪，我橫豎不戴它也沒甚麼。」

① 【寶玉見了這般，又後悔自己方才不該同她較真，這會子她這樣光景，自己又替不了她。】

分析：這裏寫出了寶玉對黛玉的心疼及對自己行為的懊悔，因深知此時黛玉的心痛，自己又無法替代，因此只能難過流淚。

寶玉等人只顧鬧，旁邊的佣人見黛玉大哭大吐，寶玉又砸玉，不知道要鬧到甚麼田地，害怕連累了她們，便一齊往前頭回賈母、王夫人知道。那賈母、王夫人進來，見寶玉也無言，黛玉也無話，問起來又沒爲甚麼事，便將這禍移到襲人、紫鵑兩個人身上，將她二人連罵帶說教訓了一頓。二人都沒話，只得聽着。還是賈母帶寶玉出去了，方才平復。

名師小講堂

黛玉因爲寶玉的玉和寶釵的金鎖能够配成一對而傷心，因此說了氣話。寶玉認爲黛玉說出這樣的話是不了解自己的一片真心，因此憤而摔玉。兩個人表面上又吵又鬧，像是一對冤家，其實內心對對方都是一片真情卻不能吐露。這一回的故事從側面表現了寶玉和黛玉對彼此的愛慕與重視。

第十四回

含冤情烈金釧死

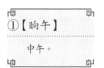

1. 王夫人為何一定要趕走金釧兒？

2. 得知金釧兒投井而亡，寶釵是如何寬慰王夫人的？

一日晌午①，寶玉來到母親王夫人房內。王夫人在裏間涼榻上睡着了，丫鬟金釧兒坐在旁邊給王夫人捶腿，眯着眼亂恍。

寶玉見了她，就有些戀戀不捨的，上來便拉着手，悄悄地笑道：「我明日和太太討你，咱們在一處罷。」金釧兒笑道：

①【晌午】
中午。

「是你的，終究是你的。」只見王夫人翻身起來，照金釧兒臉上就打了一巴掌，指着罵道：「好好的爺們，都叫你們教壞了。」寶玉見王夫人起來，早一溜煙跑了。

這時眾丫頭聽見王夫人醒了，都忙進來。王夫人便叫玉釧兒①：「把你媽叫來，帶你姐姐出去！」金釧兒聽説，忙跪下哭道：「我再不敢了。太太要打要罵，只管發落，別叫我出去就是天恩了。我跟了太太十來年，這會子攆出去，我還怎麼見人呢！」王夫人雖然是個寬厚仁慈的人，但最恨女子行為輕浮，儘管金釧兒苦苦哀求，還是不肯原諒，最終讓金釧兒的母親將她領走了。

第二天正好是端午節，王夫人準備

①【玉釧兒】

王夫人的丫鬟，是金釧兒的妹妹。

了酒席，請薛家母女等人過來一起吃飯。

眾人因爲昨天的事，都顯得無精打采，

於是吃完飯，坐了一會兒就散了。

忽見一個老婆子慌慌張張地走

來，說道：「這是哪裏説起！金釧兒姑娘

好好的，投井死了！」

寶釵聽見這話，忙向王夫人處來道

安慰。

寶釵來到王夫人房中，屋裏鴉雀無

聲，只有王夫人在裏間房內坐着垂淚。

寶釵便不好提這事，只得在一旁坐了。

王夫人哭道：「你可知道一椿奇事？

金釧兒忽然投井死了！」寶釵説道：「怎

麼好好的投井？這也奇了。」王夫人道：

「原是前兒她把我一件東西弄壞了，我

063

①【王夫人道:「原是前兒她把我一件東西弄壞了,我一時生氣,打了她一下,攆了她下去。我只說氣她兩天,還叫她上來,誰知她這麼氣性大,就投井死了。豈不是我的罪過?」】

分析:雖有前文「寬厚仁慈」的粉飾,但這一句將王夫人面善心狠、心口不一的性格特點暴露出來。

②【裝裹】
裝裹,給死者穿衣服。

一時生氣,打了她一下,攆了她下去。我只說氣她兩天,還叫她上來,誰知她這麼氣性大,就投井死了。豈不是我的罪過?」①寶釵笑道:「姨娘也不必十分過不去,不過多賞她幾兩銀子發送她,也就盡了主僕之情了。」王夫人道:「剛才我賞了她娘五十兩銀子,還要拿兩套衣服給她裝裹②,我現叫裁縫趕兩套給她。要是別的丫頭,賞她幾兩銀子也就完了,只是金釧兒雖然是個丫頭,素日在我跟前,比我的女兒也差不多。」口裏說着,不覺流下淚來。寶釵忙道:「姨娘這會子又何用叫裁縫趕去?我前兒倒做了兩套,拿來給她豈不省事?」王夫人道:「雖然這樣,難道你不忌諱?」寶釵笑道:

「姨娘放心，我從來不計較這些。」一面
說，一面起身就走。一時寶釵取了衣服
回來，交代清楚，便離開了。

名師小講堂

事情是因爲寶玉而起，王夫人卻怪罪丫鬟金釧兒。因爲被無情地趕出賈府，金釧兒走投無路，只好選擇投井。這反映了在當時的社會中一個丫鬟的地位是多麼低下，她們不能像其他人一樣受了委屈可以解釋。性格剛烈的金釧兒最終選擇了投井，讓人惋惜。

第十五回

不肖子慘遭笞撻
bú xiào zǐ cǎn zāo chī tà

提問

1. 賈政為何痛打寶玉？
jiǎ zhèng wèi hé tòng dǎ bǎo yù

2. 襲人向王夫人提出了甚麼建議？
xí rén xiàng wáng fū rén tí chu le shén me jiàn yì

3. 黛玉看望寶玉後，寶玉命人送了她甚麼禮物？
dài yù kàn wàng bǎo yù hòu，bǎo yù mìng rén sòng le tā shén me lǐ wù

恰巧這一日，賈政聽說金釧兒跳井一事，又得知這事是因寶玉而起，氣得面如金紙，大喝：「快拿寶玉來！」

一見寶玉，賈政眼睛都紅了，也顧不上細問，只喝令：「堵起嘴來，着實打死！」小廝們不敢違拗，只得將寶玉按在凳上，舉起大板，打了起來。

王夫人得知此事後，急忙趕往書房，只見板子愈發下去得又狠又快，寶玉早已動彈不得。王夫人一把抱住板子哭道：「寶玉雖然該打，老爺也要保重身體。況且我如今已是將近五十歲的人，只有這個孽障①。今日索性快拿繩子來先勒死我，再勒死他。我們娘兒倆不敢含怨，到底在陰司裏得個依靠。」說畢，趴在寶玉身上失聲大哭，喊着「苦命的兒」，忽又想起賈珠②來，便叫着「賈珠」，哭道：「若有你活着，便死一百個我也不管了。」正哭着，忽見丫鬟來說道：「老太太來了。」一句話未了，只聽窗外顫巍巍的聲音說道：「先打死我，再打死他，豈不乾淨了！」

①【孽障】

同業障，佛教指妨礙修行的罪惡。這裏指舊時長輩罵不肖子弟的話。

②【賈珠】

王夫人的長子，賈寶玉的哥哥，在很年輕的時候就生病去世了。

067

賈政見賈母氣未消，不敢自便，也只得跟了進去。看看寶玉，果然打重了。再看看王夫人，「兒」一聲、「肉」一聲哭個不停，賈政自悔不該下毒手打到如此地步，只好退了出來。眾人七手八腳地把寶玉送回怡紅院。

寶玉昏昏沉沉地胡亂做着夢，半夢半醒中聽到哭泣聲。睜眼一看，不是別人，卻是林黛玉，只見她兩個眼睛腫得桃兒一般，滿面淚光，嘆了一聲說道：「你又做甚麼來了？我雖然挨了打，並不覺疼痛。」林黛玉哭得氣噎喉堵，聽了寶玉這番話，雖有千言萬語卻說不出口，半日方抽抽噎噎地說道：「你從此可都改了罷！」①

yīn kàn wàng bǎo yù de rén luò yì bù jué　　dài yù biàn
因看望寶玉的人絡繹不絕，黛玉便

huí xiāo xiāng guǎn qù le
回瀟湘館去了。

xí rén bèi wáng fū rén chuán qu wèn huà　　xí rén jiāng
襲人被王夫人傳去問話。襲人將

zhào liào bǎo yù de qíng kuàng yī yī huì bào le　　jiē zhe yòu
照料寶玉的情況一一匯報了，接着又

dào　　lùn lǐ　　wǒ men èr yé yě xū děi lǎo ye jiào xùn jiào
道：「論理，我們二爺也須得老爺教訓教

xùn　　ruò lǎo ye zài bù guǎn　　bù zhī jiāng lái zuò chu shén me
訓。若老爺再不管，不知將來做出甚麽

shì lai ne　　yòu shuō bǎo yù hé zhòng zǐ mèi nián líng dà le
事來呢。」又說寶玉和眾姊妹年齡大了，

bì jìng nán nǚ yǒu bié　　bù rú bān chu dà guān yuán lái zhù
畢竟男女有別，不如搬出大觀園來住。

wáng fū rén jiàn xí rén rú cǐ shēn sī shú lǜ　　bù yóu de duì
王夫人見襲人如此深思熟慮，不由得對

tā de xǐ ài gèng duō le jǐ fēn
她的喜愛更多了幾分。

wǎn jiān bǎo yù biàn mìng qíng wén gěi dài yù sòng le liǎng
晚間寶玉便命晴雯給黛玉送了兩

kuài jiù pà zi lín dài yù jiàn le pà zi tǐ huì yì si
塊舊帕子。林黛玉見了帕子，體會意思，

bù jué shén hún chí dàng bǎo yù zhè fān kǔ xīn néng lǐng huì
不覺神魂馳蕩：寶玉這番苦心，能領會

wǒ zhè fān kǔ yì lìng wǒ kě xǐ wǒ zhè fān kǔ yì bù zhī
我這番苦意，令我可喜；我這番苦意，不知

jiāng lái rú hé yòu lìng wǒ kě bēi rú cǐ zuǒ sī yòu xiǎng
將來如何，又令我可悲。如此左思右想，

yì shí shēng chu zhū duō gǎn kǎi yú shì jí lìng zhǎng dēng
一時生出諸多感慨，於是急令掌燈①，

①【掌燈】
點燈。

yě xiǎng bu qǐ xián yí bì huì děng shì biàn xiàng àn shang yán
也想不起嫌疑避諱等事，便向案上研

mò zhàn bǐ xiàng nà liǎng kuài jiù pà tí shī
墨蘸筆，向那兩塊舊帕題詩。

名師小講堂

　　手帕在古代是定情的信物，寶玉送給黛玉舊手帕讓我們明白了兩個人的關係非常親密。所以寶玉挨打後，黛玉十分心疼，甚至落淚。他們雙方互為知己，心心相印，可是從前兩個人都沒有說出來。這次，寶玉終於借送舊手帕表達了自己的愛慕之情，讓黛玉不要擔心。

第十六回

秋爽齋結海棠社
qiū shuǎng zhāi jié hǎi táng shè

提問

1. 海棠社的成員有哪些人？
hǎi táng shè de chéng yuán yǒu nǎ xiē rén

2. 李紈是怎樣評價黛玉的詩的？
lǐ wán shì zěn yàng píng jià dài yù de shī de

這天寶玉在屋中正無聊，探春派
zhè tiān bǎo yù zài wū zhōng zhèng wú liáo tàn chūn pài

丫鬟送來一副花箋①給他，想要召集
yā huan sòng lai yí fù huā jiān gěi tā xiǎng yào zhào jí

眾姊妹結詩社。接着李紈又自薦當社
zhòng zǐ mèi jié shī shè jiē zhe lǐ wán yòu zì jiàn dāng shè

長，因爲迎春和惜春不擅長作詩，李
zhǎng yīn wèi yíng chūn hé xī chūn bú shàn cháng zuò shī lǐ

紈就邀請她二人爲副社長，一位出題限
wán jiù yāo qǐng tā èr rén wéi fù shè zhǎng yí wèi chū tí xiàn

韻②，一位謄錄監場。正巧賈芸爲寶玉
yùn yí wèi téng lù jiān chǎng zhèng qiǎo jiǎ yún wèi bǎo yù

送來兩盆白海棠，眾人便以「海棠」爲
sòng lai liǎng pén bái hǎi táng zhòng rén biàn yǐ hǎi táng wéi

題作詩，並將詩社命名爲「海棠社」。
tí zuò shī bìng jiāng shī shè mìng míng wéi hǎi táng shè

①【花箋】

　精緻華美的信箋、詩箋。

②【限韻】

　唐代之後的科舉考試中，考官常規定用某一個韻部或某一個韻部中的某幾個字作詩，來考查應考者作詩的能力。另外，文人雅士作詩，也常限用某韻或某幾個字，以顯現各人的才力。

寶玉突然想起史湘雲，想到這詩社
裏若少了她還有甚麼意思，立刻起身便
往賈母處來，逼着叫人接湘雲去。賈母
說：「今兒天晚了，明日一早再去。」寶玉只
得罷了，回來悶悶的。次日一早，便又往
賈母處來催逼人接去。

午後，史湘雲來了，寶玉把結詩社
的始末緣由告訴她。晚上，寶釵與湘雲
商量如何設東擬題。寶釵聽她說了半

日，皆不妥當，道：「我和我哥哥説，要幾

簍極肥極大的螃蟹來，再往鋪子裏取上

幾壇好酒來，備上四五桌果碟，豈不又

省事，大家又熱鬧了？」湘雲聽了，心

中自是感激，極讚她想得周到。接着

二人又商定，以菊花爲題，擬出《憶菊》

《訪菊》《種菊》《對菊》等十二個題目，二

人商議妥帖，方才熄燈安寢。

次日大家一邊吃螃蟹，一邊説説

笑笑。一頓飯的工夫，十二個題目已全

寫就，大家把詩各自謄出來，都交與迎

春。迎春另拿了一張雪浪箋過來，一

並謄錄出來，某人作的底下註明某人的

號，李紈等人從頭一一看起。林黛玉的

《詠菊》寫的是：

無賴詩魔昏曉侵，繞籬欹石自沉音。

毫端蘊秀臨霜寫，口齒噙香對月吟。

滿紙自憐題素怨，片言誰解訴秋心。

一從陶令平章後，千古高風說到今。

眾人看一首讚一首，彼此稱讚不絕。黛玉的《詠菊》《問菊》和《菊夢》分列前三位，一舉奪魁，寶玉喜得拍手道：「極是，極公道！」李紈道：「巧得卻好，不露堆砌生硬。」寶玉笑道：「我又落第。明兒閒了，我一個人作出十二首來。」①

大家又評了一回，又要了熱蟹來，就在大圓桌子上吃了一回。寶玉、黛玉、寶釵三人有感而發，又各作一首詩，眾

①【寶玉笑道：「我又落第。明兒閒了，我一個人作出十二首來。」】

分析：寶玉又落榜了，但他一點也不在乎，反而為黛玉拔取頭籌而高興。

rén shuō shuō xiào xiào　　hǎo bú rè nao
人 說 說 笑 笑，好 不 熱 鬧。

名師小講堂

　　《紅樓夢》裏的小姐們都是多才多藝，詩詞歌賦樣樣精通。因此賈寶玉和史湘雲、薛寶釵、林黛玉、賈探春經常在一起作詩唱和，還成立了詩社。因爲活動很有趣，很多人也一同參加了，作詩場面非常熱鬧。她們在一起互相學習，互相交流，不但寫出了好詩，還增進了姐妹之間的友誼。

第十七回

劉姥姥進大觀園
liú lǎo lao jìn dà guān yuán

提問

shì shéi chū zhǔ yi zuò nòng liú lǎo lao de
是誰出主意作弄劉姥姥的？

zhè nián qiū tiān　　liú lǎo lao lái dào jiǎ fǔ　　zhù le liǎng
這年秋天，劉姥姥來到賈府，住了 兩

rì hòu　　jiǎ mǔ yào zài dà guān yuán zhōng gěi shǐ xiāng yún huán
日後，賈母要在大觀園 中給史湘雲還

xí　　yāo qǐng liú lǎo lao yì qǐ yòng zǎo fàn
席①，邀請劉姥姥一起用早飯。

①【還席】

被人請吃飯之後，回請對方吃飯。

zǎo fàn bǎi zài le qiū shuǎng zhāi shàng cài shí　　jiǎ mǔ
早飯擺在了秋 爽 齋，上菜時，賈母

zhè biān shuō shēng　　qǐng　　　　liú lǎo lao biàn zhàn qi shēn lai
這邊 説 聲「請」，劉姥姥便站起身來，

gāo shēng shuō dào　　　lǎo liú　　lǎo liú　　shí liàng dà sì niú
高 聲 説道:「老劉，老劉，食量大似牛，

chī yí gè lǎo mǔ zhū bù tái tóu　　rán hòu　　zì jǐ què gǔ zhe
吃一個老母豬不抬頭。」然後，自己卻鼓着

sāi bù yǔ　zhòng rén xiān shì fā zhèng　hòu lái shàng shàng xià xià
腮不語。眾人先是發怔，後來上 上 下下

都哈哈大笑起來。史湘雲撑不住，一口
飯都噴了出來，林黛玉笑岔了氣，伏在桌
子上喊「哎喲」，寶玉早滾到賈母懷裏，
賈母笑得摟着寶玉叫「心肝」，王夫人笑得
用手指着鳳姐，說不出話來，薛姨媽也
撑不住，口裏的茶噴了探春一裙子，探
春手裏的飯碗都扣在迎春身上，惜春
離了座位，拉着她奶媽叫揉一揉肚子。下
人們無一個不彎腰屈背，也有躲出去蹲着
笑去的，也有忍着笑上來替她姊妹換衣
裳的，獨有鳳姐、鴛鴦二人撑着，還
只管讓劉姥姥說。

　　劉姥姥拿起象牙鑲金的筷子來，只
覺不聽使喚，又看着一碗鴿子蛋，說道：
「這裏的雞兒也俊，下的這蛋也小巧，怪俊

的。我且扎一個。」賈母笑道:「這定是鳳丫頭促狹鬼①兒鬧的,快別信她的話了。」鳳姐笑道:「一兩銀子一個呢,你快嘗嘗吧,那冷了就不好吃了。」眾人已沒心思吃飯,都看着姥姥笑。

吃完飯後,鴛鴦進來賠笑道:「姥姥別惱,我給你老人家賠個不是。」劉姥姥笑道:「姑娘說哪裏話,咱們哄着老太太開個心,有甚麼可惱的!不過大家取個笑兒,我要心裏惱,也就不說了。」②

①【促狹鬼】

使壞的人。

②【劉姥姥笑道:「姑娘說哪裏話,咱們哄着老太太開個心,有甚麼可惱的!不過大家取個笑兒,我要心裏惱,也就不說了。」】

分析:在賈府眾人看來,劉姥姥不過是供富人消遣逗樂的村婦,殊不知這一席話表現出了劉姥姥質樸鄉民特有的豁達與大智若愚的智慧。

名師小講堂

劉姥姥雖然不是大觀園裏面的人物,但是文中將她描寫得很生動、形象。只要劉姥姥一說話,就能惹大家發笑。因爲家裏太窮了,要靠賈府接濟,她只好用自己的土裏土氣引別人發笑,最終劉姥姥贏得了賈府上上下下的喜愛。同時作者也通過劉姥姥的視角展現了賈府花錢如流水的奢侈生活。

第十八回

櫳翠庵品雪水茶

賈母等吃過茶後，又帶了劉姥姥四處轉轉，劉姥姥只覺着院子裏的景致看也看不够。

轉眼到了櫳翠庵，妙玉[1]忙出來迎接。賈母道：「我們就在院裏坐坐，把你的好茶拿來，我們吃一杯就去了。」妙玉聽了，忙去烹了茶來。只見妙玉親自捧了一個小茶盤，裏面放一個成窰五彩

①【妙玉】

原本是官宦人家的小姐，非常美麗、博學、聰穎，但也極為孤傲、清高，不為世俗所容。她是在賈府中帶髮修行的尼姑，住在大觀園中的櫳翠庵。

小蓋盅，捧與賈母。給其他人的都是一色

官窯脫胎填白蓋碗。賈母接了，問是甚

麼水。妙玉笑回：「是舊年收集的雨水。」

賈母吃了半盞，便笑着遞與劉姥姥說：「你

嘗嘗這個茶。」劉姥姥一口吃盡，笑道：

「好是好，就是淡些，再熬濃些更好了。」

眾人都笑起來。①

趁眾人說話的工夫，妙玉偷偷把

寶釵和黛玉的衣襟一拉，二人隨她出去，

①【劉姥姥一口吃盡，笑道：「好是好，就是淡些，再熬濃些更好了。」眾人都笑起來。】

分析：劉姥姥不懂得品茶，認為茶要濃些才好，賈府的人們覺得她質樸直率的話語新鮮有趣，因此都笑了起來。

寶玉悄悄隨後跟了來。只見妙玉帶她二
人來到耳房①內，妙玉自向風爐上 燒
開了水，另泡了一壺茶。寶玉便走了進來，
笑道：「偏你們吃梯己②茶呢。」這時，道婆
收了上 面的茶盞來。妙玉忙命：「將那
成 窯的茶杯別收了，擱到外頭去罷。」寶
玉會意，知道因爲這個茶杯是劉姥姥用 過
的，她嫌 髒不要了。

黛玉問道：「這也是舊年的雨水？」妙
玉冷笑道：「你這麼個人，竟是大俗人，連
水也嘗 不出來。這是五年前我在寺裏住
着，收的梅花上 的雪，共得了那一花甕，
總 捨不得吃，埋在地下，今年夏天才開
了。我只吃過一回，這是第二回了。你怎麼
嘗 不出來？隔年的雨水哪有這樣輕浮，

如何吃得？」黛玉知她天性怪僻，不好多話，亦不好多坐，吃完茶，便約着寶釵走了出來。

逛了這半日，賈母因覺身上乏倦，便到稻香村歇息了。鴛鴦便帶着劉姥姥到各處去逛，眾人也都跟着取笑。

晚上，劉姥姥帶着孫子板兒來見鳳姐，向她表示感謝。二人聊到鳳姐的女兒大姐兒，鳳姐道：「我想起來，她還沒個名字，你就給她起個名字。一則借借你的壽，二則你們莊稼人——說了你可別生氣——到底貧苦些，你貧苦人起個名字，只怕壓得住她。」劉姥姥聽說，便想了一想，笑道：「不知她幾時生的？」鳳姐道：「正是生日的日子不好呢，可巧

是七月初七日。」劉姥姥忙笑道:「這個
正好,就叫她『巧哥兒』,這就是『以毒
攻毒,以火攻火』的法子。姑奶奶定要
依我這名字,她必長命百歲。」鳳姐聽
了,自是歡喜,忙道謝。接着,平兒又帶
劉姥姥看了給她準備的禮物,鋪了幾乎半
張炕,劉姥姥愈發感激不盡,千恩萬謝
地辭了鳳姐。

名師小講堂

　　我國古代把泡茶當作一種專門學問來研究,水的好壞,會
直接影響到茶的口味。用冰水雪水泡茶,泡出來的茶能讓人感
到非常享受,達到非常美妙的境界。妙玉用雪水泡茶給黛玉他
們喝,而用雨水泡茶給其他人喝,可見在她心中寶玉、黛玉、
寶釵都是乾淨晶瑩的人。黛玉沒有嘗出泡茶用的是雪水,妙玉
便直言嘲諷黛玉,也可以看出妙玉孤獨冷傲的性格。

第十九回

鳳姐慶壽生不測

fèng jiě qìng shòu shēng bú cè

提問

1. 鳳姐的生日宴會是誰具體操辦的？

2. 鳳姐是怎樣從賈母那裏爭取同情的？

九月初二是鳳姐的生日，賈母提議大家湊錢爲鳳姐過生日，眾人都欣然應諾。賈母等人都出了錢，眾媽媽和丫鬟們也或多或少出了錢。合算一下，共湊了一百五十兩有餘。賈母道：「這件事我交給珍哥媳婦了，叫鳳丫頭別操一點心，受用一日才算。」尤氏答應了。

084

yóu shì gǎn wǎng jiǎ mǔ chù qǐng ān　shuō le liǎng jù huà
尤氏趕往賈母處請安，說了兩句話

hòu　biàn zǒu dào yuān yang fáng zhōng hé yuān yang shāng yì
後，便走到鴛鴦房中和鴛鴦商議，

kàn jiǎ mǔ xǐ huan xiē shén me　èr rén jì yì tuǒ dàng　yóu shì
看賈母喜歡些甚麼。二人計議妥當，尤氏

lín zǒu shí　bǎ yuān yang còu de èr liǎng yín zi huán tā　chū
臨走時，把鴛鴦湊的二兩銀子還她。出

lai hòu　yòu zhì wáng fū rén gēn qián shuō le yì huí huà　lín
來後，又至王夫人跟前說了一回話，臨

zǒu qián yòu bǎ cǎi yún de yí fèn yě huán le
走前又把彩雲的一份也還了。

chèn fèng jiě bú zài　yóu shì bǎ zhōu zhào liǎng wèi yí
趁鳳姐不在，尤氏把周、趙兩位姨

tài tai de qián yě huán le　tā liǎng gè yì kāi shǐ hái bù gǎn
太太的錢也還了。她兩個一開始還不敢

shōu　yóu shì dào　nǐ men kě lián jiàn de　nǎ lǐ yǒu zhè
收，尤氏道：「你們可憐見的，哪裏有這

些閒錢？即便鳳丫頭知道了，有我應着呢。」

轉眼已是九月初二日，尤氏把生日宴辦得十分熱鬧，不但有戲，連要百戲①並說書的也全有。眾人敬酒，鳳姐喝了好幾盅，自覺有點醉了，便和尤氏說：「我洗洗臉去。」平兒也跟了去。

①【百戲】

古代民間表演藝術的泛稱，「百戲」一詞產生於漢代。

剛至院門，只見有一個小丫頭在門前探頭兒，一見了鳳姐，縮頭就跑。鳳姐提着名字喝住，揚手一下打得那丫頭一個趔趄。她躡手躡腳地走至窗前，往裏聽時，只聽鮑二家的笑道：「早晚你那閻王老婆死了就好了。」這時鳳姐衝進屋來，一頭撞在賈璉懷裏，叫道：「你們一條藤兒害我，被我聽見了，倒都唬起我

來。你勒死我算了！」賈璉氣得從牆上

拔出劍來，說道：「一齊殺了，我償了命，

大家乾淨。」正鬧得不可開交，尤氏等一

羣人趕來勸架，賈璉愈發「倚酒三分醉」，

逞起威風來，故意要殺鳳姐。鳳姐跑到

賈母跟前，趴在賈母懷裏，只說：「老祖

宗救我！璉二爺要殺我呢！」一語未完，

只見賈璉醉醺醺地拿着劍趕來，口裏還罵

罵咧咧的。邢夫人氣得奪下劍來，只管喝

他：「快出去！」賈母氣得說道：「我知道你

也不把我們放在眼睛裏，叫人把他老子叫

來！」賈璉聽見這話，方趔趄着出去了。

次日，鳳姐正自愧悔酒喝多了，突然

聽人回說：「鮑二媳婦吊死了。」後來，賈

璉派人給她家裏送去二百兩銀子，又幫

087

zhe bàn le sāng shì　　tā jiā rén zhǐ dé rěn qì tūn shēng bù zhuī
着辦了喪事，她家人只得忍氣吞聲不追

jiū le
究了。

名師小講堂

　　以前賈府大大小小的事情都是鳳姐打理，爲了能讓她安心過生日，尤氏親自上陣主持鳳姐的生日宴。尤氏把錢還給那些不富裕的人，説明了她比鳳姐善良，能同情那些地位不高的人。把鳳姐的生日宴辦得熱熱鬧鬧的，也體現出尤氏非常有才幹。

蘅蕪君蘭言解疑癖
héng wú jūn lán yán jiě yí pǐ

第二十回

提問

關於讀書，寶釵的觀點是怎樣的？
guān yú dú shū　bǎo chāi de guāndiǎn shì zěn yàng de

有一次，在行酒令時，黛玉說了「良
yǒu yí cì　zài xíng jiǔ lìng shí　dài yù shuō le　liáng

辰美景奈何天」「紗窗也沒有紅娘
chén měi jǐng nài hé tiān　shā chuāng yě méi yǒu hóng niáng

報」等句子，寶釵聽了，心知是《牡丹亭》
bào　děng jù zi　bǎo chāi tīng le　xīn zhī shì　mǔ dān tíng

《西廂記》中的話，於是找機會將黛玉叫
xī xiāng jì　zhōng de huà　yú shì zhǎo jī huì jiāng dài yù jiào

到蘅蕪苑中。
dào héng wú yuàn zhōng

進了房，寶釵坐了笑道：「我要審
jìn le fáng　bǎo chāi zuò le xiào dào　wǒ yào shěn

你。」黛玉不解何故，笑道：「你瞧寶丫頭
nǐ　dài yù bù jiě hé gù　xiào dào　nǐ qiáo bǎo yā tou

瘋了！審問我甚麼？」寶釵冷笑道：「昨
fēng le　shěn wèn wǒ shén me　bǎo chāi lěng xiào dào　zuó

兒行酒令你說的是甚麼?」黛玉一想,方想起來,不覺紅了臉,便上來摟着寶釵,笑道:「好姐姐,原是我不知道隨口說的。你別告訴別人,我以後再不說了。」寶釵見她羞得滿臉緋紅,滿口央告,便不再往下追問,拉她坐下吃茶,款款地說道:「我小時候不愛看正經書,像這『西廂』『琵琶』以及『元人百種』,我們也都偷偷看過。男人們讀書明理是爲了輔國治民,咱們女孩兒家還不如不認得字,作詩寫字等事原不是你我分內之事,你我只該做些針黹紡織的事才是,既認得了字,就該揀那正經的看,最怕見了些雜書,移了性情,就不可救了。①」一席話,說得黛玉垂頭吃茶,心下暗伏,只有答應「是」。

①【男人們讀書明理是爲了輔國治民,咱們女孩兒家還不如不認得字,作詩寫字等事原不是你我分內之事,你我只該做些針黹紡織的事才是,既認得了字,就該揀那正經的看,最怕見了些雜書,移了性情,就不可救了。】

分析:寶釵的一席話體現出其經世致用、恪守封建道德教條的思想,也反映出寶釵與黛玉兩人在思想上是截然不同的。

dài yù měi nián chūn fēn qiū fēn zhī hòu　　 bì fàn ké jí
黛玉每年春分秋分之後，必犯咳疾。

yǒu shí dài yù mèn le 　　 bǎo chāi lái kàn wàng tā 　　 èr rén cóng
有時黛玉悶了，寶釵來看望她，二人從

shēn shì tán qi 　　 shuō le hěn duō tiē xīn huà 　　 zuì hòu dài yù
身世談起，說了很多貼心話。最後黛玉

dào 　　 wǎn shang zài lái hé wǒ shuō jù huà er 　　 bǎo chāi dā
道：「晚上再來和我說句話兒。」寶釵答

yìng zhe biàn qù le
應着便去了。

zhè lǐ dài yù jiàn tiān xī xī lì lì xià qi yǔ lai 　　 tiān
這裏黛玉見天淅淅瀝瀝下起雨來，天

sè yīn chén 　　 yǔ dī zhú shāo gèng jué qī liáng 　　 tā zhī dào bǎo
色陰沉，雨滴竹梢，更覺淒涼。她知道寶

chāi bù néng lái le 　　 biàn bù jué xīn yǒu suǒ gǎn 　　 suì xiě chéng
釵不能來了，便不覺心有所感，遂寫成

qiū chuāng fēng yǔ xī 　　 yì cí 　　 qí cí yuē
《秋窗風雨夕》一詞。其詞曰：

秋花慘淡秋草黃，耿耿秋燈秋夜長。

已覺秋窗秋不盡，哪堪風雨助淒涼！

助秋風雨來何速！驚破秋窗秋夢綠。

抱得秋情不忍眠，自向秋屏移淚燭。

淚燭搖搖爇短檠，牽愁照恨動離情。

①【爇短檠】
爇，點燃。檠，燈架，蠟燭臺。

誰家秋院無風入？何處秋窗無雨聲？

羅衾不奈秋風力，殘漏聲催秋雨急。

連宵霢霢復颼颼，燈前似伴離人泣。

寒煙小院轉蕭條，疏竹虛窗時滴瀝。

bù zhī fēng yǔ jǐ shí xiū　　yǐ jiào lèi sǎ chuāng shā
不 知 風 雨 幾 時 休，已 教 淚 灑 窗 紗

shī
濕 。

名師小講堂

在前面的故事中，林黛玉和寶釵的關係一直不是那麼親密。可是兩個人同在大觀園生活，而且都屬於賈府的客人，因為一次偶然的機會，兩個人在一起說出了各自的心裏話，這就讓黛玉和寶釵成了好朋友。所以要想成為好朋友，就要傾聽對方的心裏話。

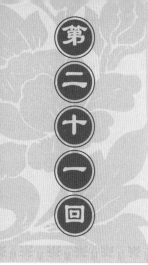

第二十一回

香菱慕雅苦吟詩
xiāng líng mù yǎ kǔ yín shī

提問

1. 黛玉、香菱關於詩的討論，對你有
何啟發？

2. 作者通過怎樣的細節，描寫出香菱
對作詩的痴迷？

寶釵把香菱帶進大觀園和自己做
伴。香菱央求寶釵道：「好姑娘，你趁着
這個工夫，教給我作詩罷。」寶釵笑道：
「我說你『得隴望蜀①』呢。你今兒頭一日
進來，我勸你到各姑娘房裏走走。」
黛玉見香菱也進園來住，自是歡
喜。香菱笑道：「我也得了空兒，姑娘

①【得隴望蜀】
比喻貪得無厭。
這裏是寶釵和香菱開
玩笑的話，指香菱剛
搬進大觀園又要學作
詩，想做的事很多。

好歹教我作詩吧，就是我的造化了！」黛

玉笑道：「既要學詩，你就拜我為師。我

雖不通，大略也還教得起你。」香菱笑道：

「我就拜你為師。」

香菱笑道：「我只愛陸放翁的詩

『重簾不捲留香久，古硯微凹聚墨多』，

說得真有趣！好姑娘，你就把書給我拿

出來，我帶回去夜裏念幾首也是好的。」

黛玉便命紫鵑將王右丞的五言律拿

來，道：「你只看有紅圈的，那都是我選的，有一首念一首。」香菱拿了詩，只向燈下讀起來。寶釵連催她數次睡覺，她也不睡。

一日，黛玉梳洗完了，只見香菱笑吟吟地送了書來，又要換杜甫的詩。黛玉笑道：「正是要講究討論，方能長進。你且說來我聽。」

香菱笑道：「詩的好處，有口裏說不出來的意思，想去卻是逼真的。有似乎無理的，想去竟是有理有情的。」黛玉笑道：「這話有了些意思。」正說着，寶玉和探春也來了，也都入座聽她講詩。黛玉道：「昨夜的月最好，你就作一首來。十四寒的韻，由你愛用哪幾個字去。」

香菱聽了，喜得拿回詩來。如此茶飯無心、坐臥不定。寶釵道：「何苦自尋煩惱？都是顰兒[1]引的你，我和她算賬去。你本來呆頭呆腦的，再添上這個，愈發弄成個呆子了。[2]」

香菱忽於夢中得了八句詩，便忙寫下來，拿來找黛玉。恰巧遇見了李紈與眾姊妹，大家爭着要看她的詩。

香菱笑道：「你們看這一首。」詩中寫道：

精華欲掩料應難，影自娟娟魄自寒。

一片砧敲千里白，半輪雞唱五更殘。

綠蓑江上秋聞笛，紅袖樓頭夜倚欄。

①【顰兒】

林黛玉的小名。

②【你本來呆頭呆腦的，再添上這個，愈發弄成個呆子了。】

分析：寶釵之所以說香菱「呆」主要是指其不諳世事，不善處理人際關係，從另一方面也指出香菱對自己感興趣的事十分專心與投入。

bó dé cháng é yìng jiè wèn　yuán hé bù shǐ yǒng tuán
博 得 嫦 娥 應 借 問， 緣 何 不 使 永 團

yuán
圓 ！①

zhòng rén kàn le xiào dào　　zhè shǒu bú dàn hǎo　　ér qiě
眾 人 看 了 笑 道：「 這 首 不 但 好， 而 且

xīn qiǎo yǒu yì qù　xiāng líng tīng le xīn xià bú xìn　hái zhǐ
新 巧 有 意 趣。」 香 菱 聽 了 心 下 不 信， 還 只

guǎn wèn dài yù　　bǎo chāi děng zhè shī dào dǐ hǎo bù hǎo
管 問 黛 玉、 寶 釵 等 這 詩 到 底 好 不 好。

①【精華欲掩料應難，影自娟娟魄自寒。一片砧敲千里白，半輪雞唱五更殘。綠蓑江上秋聞笛，紅袖樓頭夜倚欄。博得嫦娥應借問，緣何不使永團圓！】

分析：這首詩除首聯外，句句都不似寫月，但句句與月相關。用詞典雅含蓄，設意新奇別致。尤其是頷聯，對仗工整，言淺意深，堪稱精妙。它最大的優點是切合香菱自己的身世，借詠月而懷人，流露了真情實感。這樣，詩就不是空洞的而是有內容的了。

名師小講堂

　　香菱是一名普普通通的小丫鬟，可是她非常喜歡詩歌。她學詩時，茶不思，飯不想，甚至夢中還在作詩。正是因為她如此虛心好學，黛玉才答應做她的老師。香菱最後成功了，這印證了一句話：「天下無難事，只怕有心人。」

第二十二回

晴雯病補雀金裘
qíng wén bìng bǔ què jīn qiú

晴雯是怎樣得了病的？
qíng wén shì zěn yàng dé le bìng de

晚上，晴雯和麝月在屋裏侍奉寶玉。
wǎn shang qíng wén hé shè yuè zài wū li shì fèng bǎo yù

三更以後，麝月要出去走走，晴雯想嚇
sān gēng yǐ hòu shè yuè yào chū qu zǒu zou qíng wén xiǎng xià

唬她一下，只穿着件小襖，出了房門。
hu tā yí xià zhǐ chuān zhe jiàn xiǎo ǎo chū le fáng mén

只聽寶玉高聲在房內道：「晴雯出去
zhǐ tīng bǎo yù gāo shēng zài fáng nèi dào qíng wén chū qu

了！」晴雯忙回身進來。寶玉見晴雯兩
le qíng wén máng huí shēn jìn lai bǎo yù jiàn qíng wén liǎng

腮如胭脂一般，用手一摸，覺得冰冷，忙
sāi rú yān zhi yì bān yòng shǒu yì mō jué de bīng lěng máng

道：「快進被裏暖暖吧。」晴雯因方才一
dào kuài jìn bèi li nuǎn nuan ba qíng wén yīn fāng cái yì

冷，如今又一暖，不覺打了兩個噴嚏。寶
lěng rú jīn yòu yì nuǎn bù jué dǎ le liǎng gè pēn tì bǎo

玉嘆道：「如何？到底傷了風了。」晴雯咳

嗽了兩聲，說道：「哪裏這麼嬌嫩。」

次日起來，晴雯果然覺得有些鼻塞

聲重，懶得動彈。寶玉讓晴雯在裏間

屋裏躺着，叫人悄悄請了王太醫來，診

了脈後，開了藥方。寶玉命人趕緊去煎

藥，又囑咐麝月打點東西，遣老嬤嬤去看

望襲人。①

這裏晴雯吃了藥，仍不見病退，急

得亂罵大夫：「只會騙人的錢，一劑好藥也

不給人吃。」②只見寶玉回來，說起賈母新

給他的雀金裘不小心被燒了個洞，一面

說，一面把衣服脫下來遞與晴雯，又移

過燈來。晴雯細看了一會兒，道：「這是

孔雀金線織的，如今咱們也拿孔雀金

①【寶玉命人趕緊去煎藥，又囑咐麝月打點東西，遣老嬤嬤去看望襲人。】

分析：寶玉的行為，充分體現出他對身邊的丫鬟們無微不至的關懷與體貼。

②【這裏晴雯吃了藥，仍不見病退，急得亂罵大夫：「只會騙人的錢，一劑好藥也不給人吃。」】

分析：用語不多，卻將晴雯心直口快的性格特點表露無遺。

線就像界線^①似的界密了，只怕還可混得過去。」麝月笑道：「孔雀金線倒是現成的，只是這裏除了你，還有誰會界線？」晴雯道：「那我就拼了命吧。」到了深夜，自鳴鐘已敲了四下，晴雯終於補完了，又用小牙刷慢慢地剔出絨毛來。

晴雯咳了幾陣，說了一聲：「補雖補了，到底不像，我也再沒辦法了！」「哎喲」了一聲，便身不由己地倒下了。

①【界線】

縫紉、刺繡手工裏的術語，指一種特殊的縱橫線織法。

① 【力盡神危】

氣力用盡，神色危急。形容用心用力過度、體力不支的樣子。

寶玉見晴雯已是力盡神危①，只叫「快傳大夫」。一時王太醫來了，診了脈，疑惑地說道：「昨日已好了些，今日如何反虛微浮縮起來？」一面說，一面出去開了藥方進來。寶玉忙命人去煎藥，一面嘆說：「這怎麼辦？倘若有個好歹，都是我的罪孽。」晴雯睡在枕上道：「好太爺！你幹你的去罷，哪能就得癆病②了？」

② 【癆病】

結核病的俗稱，在古代很難治愈。

晴雯此癥雖重，幸虧她素習是個使力不使心的，加倍調養了幾日，便漸漸地好起來了。

名師小講堂

晴雯雖然是賈府裏寶玉身邊的一個普通丫頭，但是口齒伶俐，聰明過人，模樣俏麗。寶玉的雀金裘燒壞了，晴雯不顧自己的病情把衣服補好，可見她心靈手巧，對待寶玉也是十分用心，由此也可以看出兩人感情之深。

敏探春興利除弊
mǐn tàn chūn xīng lì chú bì

剛過完年，鳳姐生病了，王夫人
便命探春和李紈一起裁處府中的日
常事務。大家以爲探春不過是個未出嫁
的年輕小姐，且素日也最平和恬淡，因
此都不在意。但是三四日後，經歷過幾件
事情，眾人才發現探春的精明能幹不
讓鳳姐，她只不過是言語安靜、性情和

103

①【但是三四日後，經歷過幾件事情，眾人才發現探春的精明能幹不讓鳳姐，她只不過是言語安靜、性情和順而已。】

分析：鳳姐的能幹有目共睹，這裏有鳳姐作比較，更突出了探春的精明強幹與心機決斷。

②【趙姨娘】

賈政的小妾，是探春和賈環的母親。

shùn ér yǐ
順而已。①

zhào yí niáng de xiōng di zhào guó jī zuó rì sǐ le
趙姨娘②的兄弟趙國基昨日死了。

tàn chūn biàn wèn lǐ wán rú hé chǔ lǐ lǐ wán xiǎng le yì
探春便問李紈如何處理，李紈想了一

xiǎng dào shǎng tā sì shí liǎng bà le tàn chūn chá kàn jiù
想，道：「賞她四十兩罷了。」探春查看舊

zhàng shuō àn guàn lì yīng gěi èr shí liǎng pú rén biàn lǐng le
賬，說按慣例應給二十兩，僕人便領了

èr shí liǎng jiāo chāi qù le bù yí huì er zhào yí niáng jìn
二十兩交差去了。不一會兒，趙姨娘進

lai le lǐ wán tàn chūn máng ràng zuò zhào yí niáng dào
來了，李紈、探春忙讓座。趙姨娘道：

wǒ zài zhè wū li áo yóu shì de áo le zhè me dà nián jì yòu
「我在這屋裏熬油似的熬了這麼大年紀，又

shēng le nǐ hé nǐ xiōng di zhè huì zi bù rú rén le wǒ hái
生了你和你兄弟，這會子不如人了，我還

yǒu shén me liǎn lián nǐ yě méi liǎn miàn bié shuō wǒ le
有甚麼臉？連你也沒臉面，別說我了！」

tàn chūn xiào dào yuán lái wèi zhè ge wǒ kě bù gǎn
探春笑道：「原來爲這個，我可不敢

wéi bèi jiù guī ju zhào yí niáng méi le bié de huà dá duì
違背舊規矩。」趙姨娘沒了別的話答對。

hū tīng yǒu rén chuán huà shuō píng er lái le píng er zǒu jìn
忽聽有人傳話說平兒來了。平兒走進

lai zhào yí niáng máng péi xiào ràng zuò píng er xiào dào
來，趙姨娘忙賠笑讓座。平兒笑道：

nǎi nai shuō zhào yí nǎi nai de xiōng di méi le kǒng pà nǎi
「奶奶說，趙姨奶奶的兄弟沒了，恐怕奶

奶和姑娘不知有舊例，若照常例，只得

二十兩。如今請姑娘裁奪着，再添些也

使得。」

探春忙說道：「添甚麼？你主子

真會討巧，叫我開了例，她做好人。你

告訴她，我不敢添減、瞎出主意。她要

施恩，等她好了出來，愛怎麼添就怎麼

添去！」平兒一聽這一番話，立刻會意，

站在一邊垂手默立。趙姨娘討個沒趣，

只好走了。

平兒回去後，將事情的經過細細說

給鳳姐聽了，鳳姐也誇讚探春處事利落。

平兒陪着鳳姐吃了飯後，又來到探春處，

她姊妹三人正議論着一些家務事。探春

發現小姐們的脂粉錢、公子們的學費和

月錢有重複之處，於是讓平兒轉告
鳳姐，要把重複發放的錢免去。

接著，探春又說：「我們不如挑出幾
個老實本分、會擺弄園圃事的老媽媽，讓
她們來收拾料理大觀園。如此一來，一則
園子有專人修理花木；二則也不至於浪
費了園中的東西；三則老媽媽們可藉此
補貼家用；四則可以省了花匠及打掃人
等的工費，正好可以用來彌補虧空。」

寶釵和李紈都讚這是個好主意。

探春等人選定了幾個種地的老媽媽，將她們一齊傳來，把此事告訴她們。眾人聽了，無不願意，有的承包竹林，有的承包稻田，除了交納一定數額的筍米、錢糧之外，其餘收穫的都是她們自己的。

寶釵提出讓承包園子的婆子們拿出一部分錢，分給沒有承包的人，以免招人嫉恨。眾婆子聽了，個個歡喜異常。

名師小講堂

　　賈探春是《紅樓夢》中一個重要的人物，她是賈政與妾趙姨娘所生，是賈府的三小姐。她精明能幹，有心機，能決斷，性格開朗大方。當鳳姐病了，探春就有了展示才能的機會。她大幹一番，處事公平，針對賈府浪費嚴重的情況，也提出了節約開支的好辦法，可見她也是一個很有才幹的女子。

第二十四回

慧紫鵑情試寶玉
huì zǐ juān qíng shì bǎo yù

提問

1. 寶玉聽説黛玉要回蘇州後，是怎樣
bǎo yù tīng shuō dài yù yào huí sū zhōu hòu shì zěn yàng
的反應？
de fǎn yìng

2. 紫鵑是怎樣提醒黛玉的？
zǐ juān shì zěn yàng tí xǐng dài yù de

這日寶玉去看黛玉，黛玉正好剛睡
zhè rì bǎo yù qù kàn dài yù dài yù zhèng hǎo gāng shuì
午覺，寶玉不敢驚動她。
wǔ jiào bǎo yù bù gǎn jīng dòng tā

寶玉與紫鵑聊天時，説起黛玉吃燕窩
bǎo yù yǔ zǐ juān liáo tiān shí shuō qǐ dài yù chī yàn wō
的事，紫鵑道：「在這裏吃慣了，明年回
de shì zǐ juān dào zài zhè lǐ chī guàn le míng nián huí
家去，哪裏有這閒錢吃這個？」寶玉聽了，
jiā qù nǎ lǐ yǒu zhè xián qián chī zhè ge bǎo yù tīng le
吃了一驚，忙問：「誰？往哪個家去？」紫
chī le yì jīng máng wèn shéi wǎng nǎ ge jiā qù zǐ
鵑道：「你林妹妹回蘇州家去。」寶玉便如
juān dào nǐ lín mèi mei huí sū zhōu jiā qù bǎo yù biàn rú

頭頂上響了一個焦雷一般，紫鵑且看他怎樣回答，便不作聲。忽見晴雯來找寶玉，説：「老太太叫你呢，誰知道在這裏。」

回來以後，晴雯見寶玉呆呆的，眼神也直了，口水也流出來了，給他個枕頭，他便睡下；扶他起來，他便坐着；倒了茶來，他便吃茶。眾人見他這般，一時忙亂起來，又不敢造次①去回賈母，便先差人出去請寶玉的乳母李嬤嬤。

李嬤嬤進來看了看，説：「這可不中用了！我白操了一世心了！」襲人忙趕到瀟湘館，説了寶玉一事。黛玉一聽此言，哇的一聲，將腹中之藥一概嗆出，抖腸搜肺地痛聲大嗽了幾陣，一時喘得抬不起頭來。②

①【造次】

匆忙、倉促、魯莽的意思。

②【黛玉一聽此言，哇的一聲，將腹中之藥一概嗆出，抖腸搜肺地痛聲大嗽了幾陣，一時喘得抬不起頭來。】

分析：黛玉雖然經常耍小性，但對寶玉卻是全心全意，聽説了寶玉的狀況，便難過至此，足見二人心性相通，惺惺相惜。

這邊王太醫進來，給寶玉把了脈，起身說道：「世兄①這是急痛迷心。不妨，不妨。」開了藥方。丫鬟按方煎了藥來給寶玉服下，他果然安靜了些，無奈只不肯放紫鵑走，只說她去了，便是要回蘇州去了。賈母、王夫人無法，只得命紫鵑守着他，另讓琥珀去服侍黛玉。

①【世兄】

舊時對有世交的同輩的稱呼，也尊稱有世交的晚輩。

寶玉大愈後，紫鵑回來服侍黛玉。夜深人靜，二人睡下後，紫鵑悄向黛玉笑道：「我是一片真心爲姑娘，替你愁了這幾年了。姑娘你無父母、無兄弟，誰是知疼知熱的人？趁老太太還明白硬朗的時候，趕緊定了大事要緊。姑娘是個明白人，豈不聞俗語說：『萬兩黃金容易得，知心一個也難求。』」黛玉聽了，便說道：

「這丫頭今兒瘋了？怎麼去了幾日，忽然變了一個人？我明兒必回老太太，把你退回去，我不敢要你了。」

黛玉口內雖如此說，心內未嘗不傷感，待紫鵑睡了，便直哭了一夜，至天明方打了一個盹兒。

名師小講堂

　　紫鵑本來的名字是鸚哥，是賈母房裏的小丫頭。因爲賈母見林黛玉來時只帶了兩個人，就把鸚哥給了黛玉，改名爲紫鵑。紫鵑聰明靈慧，和黛玉關係非常好。爲了黛玉的終身大事，她想出林家要接黛玉回蘇州的話來試寶玉，使寶玉痴病大發。紫鵑爲了黛玉的一片心意實在讓人感動不已。

第二十五回

姨媽愛語慰痴顰
yí mā ài yǔ wèi chī pín

提問

薛姨媽說起黛玉的親事，紫鵑爲
xuē yí mā shuō qǐ dài yù de qīn shì   zǐ juān wèi

甚麼熱心地上來插話？
shén me rè xīn de shàng lai chā huà

這日，寶釵來瞧黛玉，正值她母親也
zhè rì   bǎo chāi lái qiáo dài yù   zhèng zhí tā mǔ qin yě

在這裏，三人說起岫煙和薛蝌定親之事，
zài zhè lǐ   sān rén shuō qǐ xiù yān hé xuē kē dìng qīn zhī shì

薛姨媽道：「自古道『千里姻緣一線牽』。
xuē yí mā dào   zì gǔ dào   qiān lǐ yīn yuán yí xiàn qiān

比如你姐妹兩個的婚姻，此刻也不知是在
bǐ rú nǐ jiě mèi liǎng gè de hūn yīn   cǐ kè yě bù zhī shì zài

眼前，還是在山南海北呢。」寶釵道：「唯
yǎn qián   hái shi zài shān nán hǎi běi ne   bǎo chāi dào   wéi

有媽，一說話就扯上我們。」一面說，一
yǒu mā   yì shuō huà jiù chě shang wǒ men   yí miàn shuō   yí

面伏在母親懷裏笑。黛玉笑道：「你瞧！
miàn fú zài mǔ qin huái li xiào   dài yù xiào dào   nǐ qiáo

這麼大了，離了姨媽，她就是個最老到的，
zhè me dà le   lí le yí mā   tā jiù shì ge zuì lǎo dào de

112

見了姨媽她就撒嬌兒。」又流淚嘆道:「她偏在我跟前這樣,分明是氣我沒娘的人,故意來刺我的眼。」

薛姨媽又摩娑①黛玉,笑道:「好孩子,別哭。你見我疼你姐姐,你傷心了,你不知我心裏更疼你呢!」黛玉笑道:「姨媽既這麼說,我明日就認姨媽做娘,姨媽若是嫌棄不認,便是假意疼我了。」薛姨媽道:「你不厭我,就認了才好。」又對寶釵說:「老太太那樣疼你寶兄弟,將來若要在外頭找媳婦,老太太斷不中意。不如竟把你林妹妹定與他,豈不周全?」

林黛玉見說到自己身上,便紅了臉。紫鵑忙跑來,笑道:「姨太太既有這主意,爲甚麼不和太太說去?」②薛姨媽哈

①【摩娑】

撫摩;撫弄。

②【紫鵑忙跑來,笑道:「姨太太既有這主意,爲甚麼不和太太說去?」】

分析:寶玉與黛玉情意相投,怎奈無人牽線。紫鵑看在眼裏,急在心頭,如今薛姨媽有意爲之,紫鵑正好助力推之,充分體現了紫鵑對黛玉的情誼。

hā xiào dào　　　nǐ zhè hái zi　　jí shén me　　xiǎng bì cuī zhe
哈笑道：「你這孩子，急甚麼？想必催着

nǐ gū niang chū le gé　　nǐ yě yào zǎo xiē xún yí gè xiǎo nǚ xu
你姑娘出了閣，你也要早些尋一個小女婿

qù le　　　zǐ juān tīng le　　yě hóng le liǎn
去了。」紫鵑聽了，也紅了臉。

bǎo yù bìng hòu chū yù　　zhǔ le yī zhī zhàng　sǎ　zhe
寶玉病後初愈，拄了一支杖，靸[1]着

xié　　bù chu yuàn wài　　duó dào xiāo xiāng guǎn　qiáo dài yù yuè
鞋，步出院外，踱到瀟湘館，瞧黛玉愈

fā shòu de kě lián　　dài yù jiàn tā yě bǐ xiān qián shòu le
發瘦得可憐。黛玉見他也比先前瘦了，

xiǎng qi wǎng rì zhī shì　　bù miǎn liú xia lèi lai　　xiē wēi tán
想起往日之事，不免流下淚來，些微談

le tán　　biàn cuī bǎo yù qù xiē xi tiáo yǎng　bǎo yù zhǐ dé huí
了談，便催寶玉去歇息調養。寶玉只得回

lai
來。

①【靸】
把布鞋後幫踩在
腳後跟下。

內厨這邊已經送來晚飯，還是四樣
小菜。晴雯笑道：「病已經好了，還不給
兩樣清淡菜吃！這稀飯鹹菜得吃到甚
麽時候？」一面擺好，一面又看那盒中，
卻有一碗火腿鮮筍湯，忙端了放在寶玉
跟前。寶玉急着喝了一口，說：「好燙！」
襲人笑道：「菩薩！能幾日不見葷，就饞
成這樣了！」一面說，一面忙端起，
輕輕用口吹。寶玉喝了半碗，吃了幾
片筍，又吃了半碗粥，就罷了。

名師小講堂

黛玉失去了父母，在賈府裏常感到寄人籬下，雖然有賈母的疼愛，可外祖母畢竟無法時常親近，所以她還是深深地渴望得到母親的關愛。正好慈愛的薛姨媽寄居賈府，看到黛玉無父無母非常可憐，情不自禁地將她攬入懷中。這麽温馨的一幕，讓黛玉感覺到了母愛，爲此她激動不已，仿佛找到了感情上的依托。

第二十六回

平兒行權平風波
píng er xíng quán píng fēng bō

提問

1. 五兒是怎樣被抓起來的？
wǔ ér shì zěn yàng bèi zhuā qi lai de

2. 平兒用了怎樣的辦法平息了這場風波？
píng er yòng le zěn yàng de bàn fa píng xī le zhè chǎng fēng bō

小丫鬟五兒想分些茯苓霜贈予怡紅院的芳官[1]。送完回來走到蓼漵一帶時，忽見對面林之孝家的帶着幾個婆子走來，五兒藏躲不及，只得上來問好。林之孝家的聽她辭鈍色虛[2]，聯想到正房內丟了東西，忙帶着眾人到廚房細細搜了一遍，將玫瑰露和茯苓霜搜了出來，

① 【芳官】
本來是賈府戲班裏學戲的女孩子，戲班解散後被分到怡紅院，成了賈寶玉的丫鬟。

② 【辭鈍色虛】
這裏指言語不暢，神色慌張。

116

便帶着五兒來回鳳姐。

一行人到了鳳姐那邊，先把這事告訴了平兒，平兒進去回了鳳姐。五兒早已嚇得哭哭啼啼，說東西是舅舅給的，心內又氣又委屈，竟無處可訴，且本來她就怯弱有病，嗚嗚咽咽直哭了一夜。

第二日一早，平兒就將事情告知了怡紅院諸位。平兒笑道：「五兒昨晚已經同人說是她舅舅給的了。況且那邊所丟的露也沒有找到是誰偷的，如今有贓證白白放過，眾人也未必心服。」晴雯走來笑道：「太太那邊的露，再無別人，分明是彩雲偷了給環哥兒去了。」

平兒便命人叫了彩雲和玉釧兒兩個來，說道：「不用慌，賊已有了。」玉

117

釧兒先問：「賊在哪裏？」平兒道：「現在二奶奶屋裏呢，問她甚麼應甚麼。我心裏明知不是她偷的，可是她害怕，都承認了。現在少不得央求寶二爺應承了。」

彩雲聽了，不覺紅了臉，一時羞惡之心感發，便說道：「姐姐放心，也別冤枉了好人，也別連累了無辜之人傷體面。偷東西的事原是趙姨奶奶央告我再三，我拿了些給環哥兒是真。」

平兒又帶了她二人和芳官往前邊來，叫來五兒，悄悄教她說茯苓霜也是芳官所贈，五兒感謝不盡。平兒又帶她們來到自己這邊，見林之孝家的帶了幾個媳婦押解着柳嫂①等候多時了。笑道：「這事已經水落石出了，連前兒太太屋裏

①【柳嫂】
賈府廚房裏的廚娘，是五兒的母親。

118

丟的露也有了主兒。是寶玉那日過來和這兩個孽障要東西，偏這兩個孽障慪他玩，說太太不在家不敢拿。寶玉便瞅她兩個不注意，自己進去拿了些玫瑰露出來。這兩個孽障不知道，就嚇慌了。」說畢，抽身進了臥房，將此事照前言回了鳳姐一遍。

鳳姐道：「那就由你這小蹄子辦去罷。我才好了些，不操這個心了。」平兒笑道：

zhè cái shì zhèng jing huà　　shuō bì　zhuǎn shēn chū lai
「這才是正經話。」說畢，轉身出來。

píng er chū lai fēn fù lín zhī xiào jiā de dào　　dà shì huà
平兒出來吩咐林之孝家的道：「大事化

xiǎo　　xiǎo shì huà liǎo　　fāng shì xīng jiā zhī dào
小，小事化了，方是興家之道。」

名師小講堂

　　平兒是鳳姐的丫頭，非常聰慧俊俏，也是鳳姐的得力助手。她和鳳姐的處事方法很不一樣。平兒不張揚，也不貪財，心地還特別善良，明知道柳家母女犯了錯誤，可她非常同情她們，就勸鳳姐得饒人處且饒人，最後柳家母女免受了一場災難。可見平兒對人寬容，值得我們學習。

第二十七回

湘雲醉眠芍藥裀
xiāng yún zuì mián sháo yao yīn

湘雲行酒令時為甚麼頻頻被罰？
xiāng yún xíng jiǔ lìng shí wèi shén me pín pín bèi fá

表現出她怎樣的性格特點？
biǎo xiàn chu tā zěn yàng de xìng gé tè diǎn

寶玉的生日到了，這一天恰巧也是
bǎo yù de shēng rì dào le　zhè yì tiān qià qiǎo yě shì

寶琴①、平兒的生日，眾人準備借機熱
bǎo qín　　píng er de shēng rì　zhòng rén zhǔn bèi jiè jī rè

鬧一番，於是在芍藥欄裏擺酒慶賀。
nao yì fān　　yú shì zài sháo yao lán li bǎi jiǔ qìng hè

眾人輪流行酒令，輪到香菱時，她
zhòng rén lún liú xíng jiǔ lìng　　lún dào xiāng líng shí　tā

一時想不到，眾人擊鼓又催，湘雲便悄
yì shí xiǎng bu dào　zhòng rén jī gǔ yòu cuī　xiāng yún biàn qiāo

悄拉香菱，教她說「藥」字。偏讓黛玉看
qiāo lā xiāng líng　jiāo tā shuō　yào　zì　piān ràng dài yù kàn

見了，說：「快罰她，又在那裏私相傳遞
jiàn le　shuō　kuài fá tā　yòu zài nà lǐ sī xiāng chuán dì

呢。」眾人忙又罰了她一杯，恨得湘雲拿
ne　zhòng rén máng yòu fá le tā yì bēi　hèn de xiāng yún ná

①【寶琴】

薛姨媽的侄女，薛寶釵的堂妹，是個十分美貌也很有才華的女孩。

筷子敲黛玉的手。

湘雲嫌行令太慢，早和寶玉「三」「五」亂叫着劃起拳來。輪到她說酒令時，忽見碗內有半個鴨頭，遂揀了出來吃腦子。眾人催她：「別只顧吃，快說。」湘雲便夾起鴨頭說道：「這鴨頭不是那丫頭，頭上哪討桂花油？」眾人愈發笑起來，晴雯、小螺、鶯兒等一干人都走過來說：「雲姑娘拿着我們取笑兒，快罰一杯才罷！怎見得我們就該擦桂花油？」湘雲不免又多喝了幾杯。

這些人因賈母和王夫人不在家，沒了管束，任意取樂，呼三喝四，喊七叫八，滿廳中紅飛翠舞、玉動珠搖，十分熱鬧。玩了一會兒，大家忽然發現湘雲不見

了，派人各處去找，哪裏找得着。

正說着，只見一個小丫頭笑嘻嘻地走來：「快瞧雲姑娘去，喝醉了圖涼快，在山子後頭一塊青板石凳上睡着了。」眾人聽說，都笑道：「快別吵嚷。」說着都走來看，只見湘雲臥於山石僻處的一個石凳子上，已經香夢沉酣。四面芍藥花飛了一身，滿頭臉衣襟上皆是紅香散亂，手中的扇子掉在地上，也半被落花埋了，一羣蜂蝶鬧嚷嚷地圍着她，又用鮫帕包了一包芍藥花瓣枕着。① 眾人看了，又是愛，又是笑，忙上來推喚攙扶。湘雲口内還在嘰裏咕嚕地說着酒令。

眾人笑着推她說道：「快醒醒吃飯

① 【四面芍藥花飛了一身，滿頭臉衣襟上皆是紅香散亂，手中的扇子掉在地上，也半被落花埋了，一羣蜂蝶鬧嚷嚷地圍着她，又用鮫帕包了一包芍藥花瓣枕着。】

分析：這段文字描繪了一幅詩情畫意的少女春睡圖。圖畫中有聲、有色、有花香，有動、有靜，有夢境和詩意。醉眠花叢，香夢沉酣表現了湘雲熱情爽朗，不拘禮節的特點。

123

去，這潮凳上還不睡出病來呢！」湘雲慢啟秋波①，見了眾人，低頭看了一看自己，方知是醉了。她原是來納涼避靜的，不覺竟睡着了，心中反覺不好意思起來。連忙起身，扎掙着同人來到紅香圃中漱了口，又吃了兩盞釅茶②。探春命人將醒酒石拿來給她銜在口內，一時又命她喝了一些酸湯，她方才覺得好了些。

①【秋波】

秋水之波，比喻美女的眼睛或眼神。

②【釅茶】

濃茶。釅，指茶、酒等飲料味厚。

　　吃過點心後，大家也有坐的，也有立的，也有在外觀花的，也有扶欄觀魚的，各自取便，説笑不一。探春和寶琴下棋，寶釵、岫煙觀局。黛玉和寶玉在一簇花下嘰嘰嘎嘎地説着話。

　　晚上，寶玉命人擺上酒果，請了

zhòng zǐ mèi men jù dào yí hóng yuàn zhōng　dài yù dào le
眾　姊妹們聚到怡紅　院　中。黛玉到了，

bǎo yù máng shuō　　lín mèi mei pà lěng　　guò zhè biān kào bǎn bì
寶玉忙　說：「林妹妹怕冷，過這邊靠板壁

zuò　　yòu ná gè kào bèi diàn zhe xiē　zhòng rén chōu huā míng
坐。」又拿個靠背墊着些。眾人抽花名

qiān　xíng jiǔ lìng　　zhí nào dào èr gēng yǐ hòu cái sàn qù
籤，行酒令，直鬧到二更以後才散去。

名師小講堂

　　史湘雲是《紅樓夢》中一個非常可愛的女子，她和黛玉都是無父無母的女孩，可是湘雲不像黛玉那樣整天哀嘆。相反，湘雲是那麽的豁達率真，用自己的快樂感染身邊的每一個人。她還有一點點淘氣，喝醉酒敢在園子裏的大青石上睡大覺；說起話來還「咬舌」，把「二哥哥」叫作「愛哥哥」。所以很多人都喜歡湘雲。

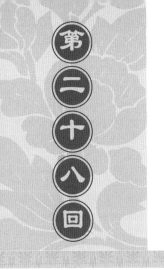

第二十八回

賈璉偷娶尤二姐
jiǎ liǎn tōu qǔ yóu èr jiě

提問

shì shéi gěi jiǎ liǎn chū zhǔ yi　ràng tā tōu qǔ yóu

是誰給賈璉出主意，讓他偷娶尤

èr jiě

二姐？

①【尤二姐】

　　尤氏的妹妹，和尤三姐都是尤氏的繼母尤老娘所生的女兒。

②【賈蓉】

　　賈珍與尤氏之子，是賈璉的侄子。尤二姐是賈蓉的二姨。

jiǎ liǎn jìn rì yīn tíng líng zài jiā　měi rì yǔ yóu èr jiě

賈璉近日因停靈在家，每日與尤二姐①、

yóu sān jiě xiāng shí yǐ shú　bù jīn dòng le chuí xián zhī yì

尤三姐相識已熟，不禁動了垂涎之意。

nà èr jiě duì tā yě shí fēn yǒu yì

那二姐對他也十分有意。

yí rì　jiǎ róng　gēn suí jiǎ liǎn yì tóng huí níng fǔ

一日，賈蓉②跟隨賈璉一同回寧府。

jiǎ liǎn tí dào yóu èr jiě shí　kuā tā rú hé biāo zhì　rú hé

賈璉提到尤二姐時，誇她如何標致，如何

jǔ zhǐ dà fang　yán yǔ wēn róu　wú yí chù bù kě jìng kě ài

舉止大方、言語溫柔，無一處不可敬可愛。

jiǎ róng cāi dào tā de yì tú　xiào dào　shū shu jì zhè me

賈蓉猜到他的意圖，笑道：「叔叔既這麼

ài tā　wǒ gěi shū shu zuò méi　shuō le zuò èr fáng hé rú

愛她，我給叔叔做媒，說了做二房何如？」

賈璉笑道:「這當然好呢。只怕你嬸子不依。」賈蓉聽到這裏,笑道:「叔叔若有膽量,依我的主意辦,不過是要多花幾個錢就能娶到二姨。」賈璉忙道:「有何主意,快些說來,我沒有不依的。」賈蓉道:「叔叔和二姨先在外面住着,過個一年半載,即便被發現了,不過挨上老爺一頓罵。」賈璉聽了賈蓉一席話,遂以爲是萬全之策。

這天一早,賈蓉又來見尤老娘,說賈璉做人如何好,如今鳳姐身子有病,已是不能好的了,暫且買了房子,在外面住着,過個一年半載,只等鳳姐一死,便接了二姨進去做正室。又說他父親此時如何聘,賈璉那邊如何娶,如何接了你老人

家養老，往後三姨也是那邊負責找個好人家，說得天花亂墜，不由得尤老娘不肯。二姐又是水性的人，今見賈璉對自己有情，有何不肯，也便點頭依允。當下回覆了賈蓉，賈蓉又去回了他父親。

次日，賈珍當面告訴了賈璉尤老娘應允之事。賈璉自是喜出望外，又感謝賈珍、賈蓉父子不盡。於是三人商

議着，派人看房子、打首飾，給二姐置買

妝奩及新房中的應用牀帳等物。

不過幾日，就將諸事辦妥，在寧榮街後

二里遠近的小花枝巷內買定一所房子，

共二十餘間，又買了兩個小丫鬟，還把

鮑二和多姑娘叫來服侍。

　　賈璉等見諸事已妥，遂擇了初三黃

道吉日，迎娶二姐過門。賈璉非常喜愛

二姐，於是命下人們直接以「奶奶」稱

之，自己也稱「奶奶」，竟將鳳姐一筆勾

銷。賈璉一月出五兩銀子給他們日常花

銷。他不來時，尤二姐母女三人一處吃飯；

若來了，他夫妻二人一處吃，她母女二人

便回房自吃。賈璉又將自己這些年積攢

的所有體己，一並搬來給二姐收着；又

①【體己】
私人的積蓄。

jiāng fèng jiě sù rì zhī wéi rén xíng shì dōu gào su le tā shuō
將 鳳 姐 素 日 之 爲 人 行 事 都 告 訴 了 她 ， 説

zhǐ děng tā yì sǐ biàn jiē èr jiě jìn qu èr jiě tīng le
只 等 她 一 死 ， 便 接 二 姐 進 去 。 二 姐 聽 了 ，

zì shì yuàn yì dāng xià shí lái gè rén dào yě guò qǐ rì zi
自 是 願 意 。 當 下 十 來 個 人 ， 倒 也 過 起 日 子

lai shí fēn fēng zú
來 ， 十 分 豐 足 。

名師小講堂

　　賈家在當時有着很高的聲譽，也算得上書香之家。但家中除了寶玉父子，其他的男子幾乎都是遊手好閒的富家子弟，仗着有錢有勢成天吃喝玩樂、不務正業，賈蓉、賈璉就是這類人的代表。這一回的内容揭露了賈家子弟腐朽、墮落的本質。

第二十九回

尤二姐冤苦吞金
yóu èr jiě yuān kǔ tūn jīn

提問

1. 鳳姐為甚麼主動去把尤二姐請進賈府？

2. 尤二姐在賈府的生存境遇是怎樣的？她為甚麼會走上絕路？

一天，賈璉的心腹小廝興兒在賈府裏和一個小廝說起「新二奶奶脾氣好」之類的話，不料傳到了鳳姐耳中。鳳姐嚴加審問，興兒只好把賈璉偷娶尤二姐的事說了出來。鳳姐愈想愈氣，於是心生一計。

話說賈璉外出辦事，大概兩個月才能回來。賈璉前腳剛走，鳳姐便帶着

平兒、豐兒等人，由興兒引路，來到二姐住處。

尤二姐見到鳳姐一行人吃了一驚，忙整衣迎出來行禮，鳳姐賠笑還禮不迭，二人攜手同入室中。鳳姐一面說別人如何誤解自己是個妒婦，一面又說早想給賈璉納個二房，好生個男孩，又取出豐厚的見面禮。尤二姐便以為她是個極好的人，聊了一會兒，竟把鳳姐視為知己。^①鳳姐邀她一同住進賈府。尤氏心中早有此念，見鳳姐如此熱情，豈有不允之理？於是二人攜手上車，一同進府了。

鳳姐把尤二姐先安置在大觀園住下，又變着法兒將二姐的丫頭一概退出，而將自己的一個丫頭送她使喚。誰知三

①【尤二姐便以為她是個極好的人，聊了一會兒，竟把鳳姐視為知己。】

鳳姐本來對賈璉偷娶尤二姐一事極為生氣，卻用花言巧語哄得尤二姐把她引為知己。這句話既寫出了鳳姐的心機毒辣，也寫出了尤二姐的天真、糊塗。

日之後，丫頭善姐便有些不服使喚起來。

漸漸地連飯也不按時送，拿來的都是些剩飯。

賈璉辦完事回來後，賈赦賞了他一百兩銀子，又將房中一個十七歲的丫鬟名喚秋桐者，賞他為妾，賈璉喜之不盡。

且說鳳姐表面上待尤二姐很好，背地卻到處散佈她的流言蜚語。秋桐自以為是賈赦所賜，無人僭[1]她，連鳳姐、平兒皆不放在眼裏，豈肯容二姐？成日裏指桑罵槐。鳳姐聽了暗樂。尤二姐聽了，又愧又氣。

自從有了秋桐之後，那賈璉在二姐身上之心也漸漸淡了。秋桐又在賈母、王夫人等處說二姐的壞話，賈母漸次[2]便

① 【僭】

超越本分，古代指地位在下的冒用地位在上的名義或禮儀、器物。

② 【漸次】

漸漸地，逐漸。

133

不大喜歡她了。那尤二姐原是個花爲腸肚、雪作肌膚的人,如何經得這般折磨?不過受了一個月的暗氣,便四肢懶動,茶飯不進,漸次黃瘦下去。偏巧二姐有了身孕,賈璉忙命人請太醫,誰知請了個姓胡的太醫,診錯了脈,將二姐腹中一個已成形的男胎打了下來。

孩子沒了,尤二姐心中沒了牽掛,想着自己每日受這些零氣,不如一死,倒還

乾淨。於是掙扎着爬起來，打開箱子，找出一塊生金，也不知多重，含淚吞入口中。然後將衣服首飾穿戴齊整，上炕躺下了。

第二日早晨，丫鬟推房門進來，卻見二姐穿戴得齊齊整整，死在炕上，於是嚇得喊叫起來。

賈母下令不許把二姐送往家廟中，賈璉只好將尤二姐葬到了別處。鳳姐一應不管，只憑賈璉自去辦理。

名師小講堂

《紅樓夢》中的尤二姐長得非常漂亮，可是性格軟弱，處事糊塗。當鳳姐對她甜言蜜語時，尤二姐不加分辨就信以爲真了。面對下人的冷嘲熱諷，尤二姐也不敢去反抗。鳳姐利用了尤二姐的軟弱，一步步逼迫她走向死亡。雖然尤二姐性格上有許多弱點，但她悲慘的命運仍令人同情。

nuò xiǎo jiě bú wèn jīn fèng
懦小姐不問金鳳

提問

yíng chūn de rǔ mǔ yīn wèi jù dǔ bèi fá　　yíng chūn
迎春的乳母因為聚賭被罰，迎春
shì fǒu qù bāng tā shuō qíng le
是否去幫她說情了？

bǎo yù bàn yè bèi shū　　bèi le yí gè wǎn shang yě bù
寶玉半夜背書，背了一個晚上也不

néng quán bù wēn xí wán　　xīn li hěn jiāo zào　　tū rán hòu fáng
能全部溫習完，心裏很焦躁。突然後房

mén chù yǒu rén hǎn dào　　bù hǎo le　　yí gè rén cóng qiáng
門處有人喊道：「不好了，一個人從　牆

shang tiào xia lai le　　zhòng rén máng gè chù xún zhǎo　　yuán nèi
上　跳下來了！」眾人忙各處尋找。園内

dēnglonghuǒ bǎ　　zhí nào le yí yè
燈籠火把，直鬧了一夜。

dì èr rì　　jiǎ mǔ wén zhī cǐ shì　　mìng rén duì dà guān
第二日，賈母聞知此事，命人對大觀

yuán yán jiā zhěng chì　　jié guǒ pán chá chu jù dǔ zhě èr shí duō
園嚴加整飭，結果盤查出聚賭者二十多

rén　　yú shì fá de fá　　niǎn de niǎn　　zhè qí zhōng hái yǒu yíng
人，於是罰的罰、攆的攆，這其中還有迎

^{chūn de rǔ mǔ}
春 的 乳 母。

^{yíng chūn zhèng yīn tā rǔ mǔ huò zuì xīn zhōng bú zì zai}
迎 春 正 因 她 乳 母 獲 罪 心 中 不 自 在，

^{xiù jú tí qi qián xiē tiān diū shī de cuán zhū lěi sī jīn fèng}
繡 橘^① 提 起 前 些 天 丟 失 的 攢 珠 纍 絲 金 鳳，

^{cāi xiǎng bì shì bèi yíng chūn de rǔ mǔ ná qu dǔ bó le yíng}
猜 想 必 是 被 迎 春 的 乳 母 拿 去 賭 博 了。迎

^{chūn dào zì rán shì tā ná qu yìng jí de wǒ zhǐ dàng tā}
春 道：「自 然 是 她 拿 去 應 急 的，我 只 當 她

^{qiāo qiāo ná le chū qù bú guò yì shí bàn shǎng réng jiù qiāo}
悄 悄 拿 了 出 去，不 過 一 時 半 晌，仍 舊 悄

^{qiāo de sòng lai jiù wán le shéi zhī tā jiù wàng le jīn rì}
悄 地 送 來 就 完 了，誰 知 她 就 忘 了。今 日

^{piān yòu nào chu tā jù dǔ de shì lai xiǎng lái wèn tā yě méi}
偏 又 鬧 出 她 聚 賭 的 事 來，想 來 問 她 也 沒

^{yòng xiù jú dào hé céng shì wàng jì tā shì shì zhǔn}
用。」繡 橘 道：「何 曾 是 忘 記？她 是 試 準

①【繡橘】

迎春的丫鬟，伶牙俐齒，性格潑辣。

137

了姑娘的性格，所以才這樣。如今我有個主意，我就去二奶奶房裏將此事回了，如何？」迎春忙道：「罷，罷，罷！省些事罷。寧可沒有了，又何必生事！」① 繡橘道：「姑娘怎麼這樣軟弱！都要省起事來，將來連姑娘還騙了去呢！我這就去。」說着便要走。

恰好迎春乳母的兒媳——王住兒家的來了，她原本想求迎春去說情，聽她們正說金鳳一事，於是進來賠笑先向繡橘說：「姑娘，你別去生事。姑娘的金絲鳳，原是我們老奶奶老糊塗了，輸了幾個錢，所以暫借了去。主子的東西我們不敢遲誤下，終究是要贖的。如今還想求姑娘看在從小吃奶的情分，往老

① 【迎春忙道：「罷，罷，罷！省些事罷。寧可沒有了，又何必生事！」】

迎春因為害怕生出事端，寧可失去一件昂貴的首飾，也不肯將這件事告知鳳姐。正是由於她不會維護自己的利益，讓他人覺得她軟弱可欺，也導致了她日後的悲劇。

太太那邊去討個情面，救出她老人家來才好。」迎春便說道：「好嫂子，你趁早兒打消了這妄想。方才連寶姐姐、林妹妹大伙兒一起說情，老太太還不依，何況是我一個人？我自己愧還來不及，反去討臊去？」繡橘卻說：「贖金鳳是一件事，說情是一件事，別絞在一處說。難道姑娘不去說情，你就不贖了不成？嫂子且取了金鳳來再說。」

王住兒家的聽迎春如此拒絕她，繡橘的話又鋒利無可回答，一時臉上過不去，明欺迎春素日好性兒，當下就和繡橘爭執起來。迎春勸止不住，只好拿了一本《太上感應篇》來看。[1]

最後平兒出面去辦贖絲金鳳一事，

①【迎春勸止不住，只好拿了一本《太上感應篇》來看。】

　　分析：迎春性格懦弱，膽小怕事，遇事總希望委曲求全。當自己無力解決僕人間的爭吵時，絲毫沒有主子的威嚴，採取的卻是逃避的態度。

139

那王住兒媳婦央求說：「姑娘好歹口內超生，我橫豎去贖了來。」平兒笑道：「既有今日，何必當初？既是這樣，我也不好意思把此事回給二奶奶。你趁早去贖了來送回去，我就一字不提。」說畢，二人分路各自散了。

名師小講堂

迎春是賈府二小姐，是一位美麗溫柔的女孩子，讓人有一種親近之感，但其性格卻是懦弱無能。在賈府四位小姐中，她最為普通，是賈府有名的「二木頭」。無論是作詩還是與人交往，迎春都不擅長。當金鳳首飾被下人拿去賭錢時，她軟弱到不去追究。出嫁後不久，迎春就被丈夫虐待而死，實在可憐。可以說，正是迎春懦弱的性格，造成了她命運中的悲劇。

第三十一回

俏丫鬟抱屈殞命

提問

王夫人爲甚麼不喜歡晴雯？

有人在王夫人跟前告狀，說寶玉被屋裏的丫頭們教壞了，特別是晴雯，說她仗着模樣兒標致些，又生了一張巧嘴，能說會道，妖妖嬌嬌。王夫人生平最不喜歡嬌妝艷飾、語薄言輕的人，因而傳晴雯過來問話。晴雯正臥病在牀，硬撐着過來，雖未妝扮，但王夫人見她頭髮鬆亂，冷笑道：「好個

141

美人！真像個病西施了。」等到問完了話，王夫人又喝道：「去！站在這裏，我看不上這樣兒！誰許你這樣花紅柳綠地妝扮！」晴雯只得出來，一出門，便拿手帕子捂着臉，一頭走，一頭哭，直哭到園門內去。

過了中秋節，王夫人就帶人來大觀園清查，讓晴雯的哥嫂把她領走。晴雯四五日水米不進，病得奄奄一息[1]，如今被從炕上拉下來，蓬頭垢面，被兩個女人攙出去了。

① 【奄奄一息】
形容氣息微弱。

晚間，寶玉將房裏的丫鬟們穩住，百般央求一個老婆子帶他到晴雯家去瞧瞧。到了後，一眼就看見晴雯睡在蘆蓆土炕上，幸而衾褥還是舊日鋪的。晴雯忽

<ruby>聞<rt>wén</rt></ruby><ruby>有<rt>yǒu</rt></ruby><ruby>人<rt>rén</rt></ruby><ruby>喚<rt>huàn</rt></ruby><ruby>她<rt>tā</rt></ruby>，<ruby>強<rt>qiáng</rt></ruby><ruby>展<rt>zhǎn</rt></ruby><ruby>星<rt>xīng</rt></ruby><ruby>眸<rt>móu</rt></ruby>，<ruby>一<rt>yí</rt></ruby><ruby>見<rt>jiàn</rt></ruby><ruby>是<rt>shì</rt></ruby><ruby>寶<rt>bǎo</rt></ruby><ruby>玉<rt>yù</rt></ruby>，

<ruby>又<rt>yòu</rt></ruby><ruby>驚<rt>jīng</rt></ruby><ruby>又<rt>yòu</rt></ruby><ruby>喜<rt>xǐ</rt></ruby>，<ruby>又<rt>yòu</rt></ruby><ruby>悲<rt>bēi</rt></ruby><ruby>又<rt>yòu</rt></ruby><ruby>痛<rt>tòng</rt></ruby>，<ruby>忙<rt>máng</rt></ruby><ruby>一<rt>yì</rt></ruby><ruby>把<rt>bǎ</rt></ruby><ruby>死<rt>sǐ</rt></ruby><ruby>攥<rt>zuàn</rt></ruby><ruby>住<rt>zhù</rt></ruby><ruby>他<rt>tā</rt></ruby>

<ruby>的<rt>de</rt></ruby><ruby>手<rt>shǒu</rt></ruby>，<ruby>哽<rt>gěng</rt></ruby><ruby>咽<rt>yè</rt></ruby><ruby>了<rt>le</rt></ruby><ruby>半<rt>bàn</rt></ruby><ruby>日<rt>rì</rt></ruby>。

　　<ruby>晴<rt>qíng</rt></ruby><ruby>雯<rt>wén</rt></ruby><ruby>擦<rt>cā</rt></ruby><ruby>擦<rt>ca</rt></ruby><ruby>淚<rt>lèi</rt></ruby>，<ruby>伸<rt>shēn</rt></ruby><ruby>手<rt>shǒu</rt></ruby><ruby>取<rt>qǔ</rt></ruby><ruby>了<rt>le</rt></ruby><ruby>剪<rt>jiǎn</rt></ruby><ruby>刀<rt>dāo</rt></ruby>，<ruby>將<rt>jiāng</rt></ruby><ruby>左<rt>zuǒ</rt></ruby>

<ruby>手<rt>shǒu</rt></ruby><ruby>上<rt>shang</rt></ruby><ruby>兩<rt>liǎng</rt></ruby><ruby>根<rt>gēn</rt></ruby><ruby>蔥<rt>cōng</rt></ruby><ruby>管<rt>guǎn</rt></ruby><ruby>一<rt>yì</rt></ruby><ruby>般<rt>bān</rt></ruby><ruby>的<rt>de</rt></ruby><ruby>指<rt>zhǐ</rt></ruby><ruby>甲<rt>jia</rt></ruby><ruby>齊<rt>qí</rt></ruby><ruby>根<rt>gēn</rt></ruby><ruby>鉸<rt>jiǎo</rt></ruby><ruby>下<rt>xià</rt></ruby>，

<ruby>又<rt>yòu</rt></ruby><ruby>伸<rt>shēn</rt></ruby><ruby>手<rt>shǒu</rt></ruby><ruby>到<rt>dào</rt></ruby><ruby>被<rt>bèi</rt></ruby><ruby>子<rt>zi</rt></ruby><ruby>裏<rt>li</rt></ruby><ruby>將<rt>jiāng</rt></ruby><ruby>貼<rt>tiē</rt></ruby><ruby>身<rt>shēn</rt></ruby><ruby>穿<rt>chuān</rt></ruby><ruby>着<rt>zhe</rt></ruby><ruby>的<rt>de</rt></ruby><ruby>一<rt>yí</rt></ruby><ruby>件<rt>jiàn</rt></ruby><ruby>舊<rt>jiù</rt></ruby>

<ruby>紅<rt>hóng</rt></ruby><ruby>綾<rt>líng</rt></ruby><ruby>襖<rt>ǎo</rt></ruby><ruby>脫<rt>tuō</rt></ruby><ruby>下<rt>xia</rt></ruby>，<ruby>連<rt>lián</rt></ruby><ruby>指<rt>zhǐ</rt></ruby><ruby>甲<rt>jia</rt></ruby><ruby>一<rt>yì</rt></ruby><ruby>起<rt>qǐ</rt></ruby><ruby>遞<rt>dì</rt></ruby><ruby>給<rt>gěi</rt></ruby><ruby>寶<rt>bǎo</rt></ruby><ruby>玉<rt>yù</rt></ruby><ruby>道<rt>dào</rt></ruby>：「<ruby>這<rt>zhè</rt></ruby>

<ruby>個<rt>ge</rt></ruby><ruby>你<rt>nǐ</rt></ruby><ruby>收<rt>shōu</rt></ruby><ruby>了<rt>le</rt></ruby>，<ruby>以<rt>yǐ</rt></ruby><ruby>後<rt>hòu</rt></ruby><ruby>就<rt>jiù</rt></ruby><ruby>如<rt>rú</rt></ruby><ruby>見<rt>jiàn</rt></ruby><ruby>我<rt>wǒ</rt></ruby><ruby>一<rt>yì</rt></ruby><ruby>般<rt>bān</rt></ruby>。<ruby>快<rt>kuài</rt></ruby><ruby>把<rt>bǎ</rt></ruby><ruby>你<rt>nǐ</rt></ruby><ruby>的<rt>de</rt></ruby>

<ruby>襖<rt>ǎo</rt></ruby><ruby>兒<rt>er</rt></ruby><ruby>脫<rt>tuō</rt></ruby><ruby>下<rt>xia</rt></ruby><ruby>來<rt>lai</rt></ruby><ruby>給<rt>gěi</rt></ruby><ruby>我<rt>wǒ</rt></ruby><ruby>穿<rt>chuān</rt></ruby>。<ruby>我<rt>wǒ</rt></ruby><ruby>將<rt>jiāng</rt></ruby><ruby>來<rt>lái</rt></ruby><ruby>在<rt>zài</rt></ruby><ruby>棺<rt>guān</rt></ruby><ruby>材<rt>cai</rt></ruby><ruby>裏<rt>li</rt></ruby><ruby>獨<rt>dú</rt></ruby><ruby>自<rt>zì</rt></ruby>

躺着，也就像還在怡紅院一樣了。」寶

玉聽說，忙換了衣服，藏了指甲。晴雯

又哭道：「回去她們看見了要問，不必撒

謊，就說是我的。既擔了虛名，就愈性如

此，也不過這樣了。」①

①【晴雯又哭道：「回去她們看見了要問，不必撒謊，就說是我的。既擔了虛名，就愈性如此，也不過這樣了。」】

分析：寫出了晴雯敢於反抗、敢作敢為的個性特徵。

分別時，二人都依依不捨。

第二日一早，晴雯就去世了。一個小

丫頭為了安慰寶玉，編瞎話說：「晴雯姐

姐臨死說自己是被玉皇大帝派到天上

做花神去了，專管芙蓉花的。」寶玉聽

了這話，轉悲為喜，指着芙蓉笑道：「此

花也須得這樣一個人去司掌。我早就料定

她那樣的人必有一番事業做的。雖然超

出苦海，但從此不能相見，也免不得

傷感思念。」

144

寶玉心有所感，作出一篇長文，用晴雯素日所喜之冰鮫縠①一幅，以楷字寫在上面，名曰《芙蓉女兒誄》，前序後歌。

當晚月下，寶玉備了四樣晴雯所喜之物，命那小丫頭捧至芙蓉花前。先行禮畢，將那誄文掛於芙蓉枝上，泣涕念起來，以此來悼念晴雯。

①【冰鮫縠】

傳說鮫人居南海中，如魚，滴淚成珠，善機織，所織之綃明潔如冰，暑天令人感覺涼快，以此命名。

名師小講堂

晴雯的身世可憐，臨死也是含恨而亡。作為一名小丫鬟，她性格剛烈，純真率直。可是有時候又過於急躁，遇到事情不夠隨和。因為晴雯長相在眾丫鬟裏出類拔萃，就遭人嫉恨，還在病中就被趕出賈府，心高氣傲的她含冤而死。晴雯性格直率、敢愛敢恨，但她這樣的個性卻不為賈家這樣的封建大家庭所容，最終造成了她的悲劇命運。

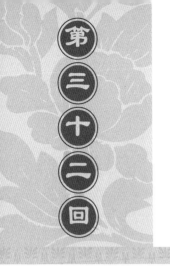

第三十二回

黛玉焚稿命歸西

提問

寶玉娶寶釵，爲何讓黛玉的丫鬟
雪雁做儐相？

一日，寶玉聽說賈母要來怡紅院賞花，便換了一件衣裳，順手把玉摘下來放到炕桌上。誰知眾人賞花離開後，寶玉卻怎麼也找不到那塊通靈寶玉了。寶玉自從失玉之後，終日懶得走動，精神大不如前，說話也糊塗了。

爲了衝喜，算命先生說寶玉要娶了金命的人幫扶他。因此賈母便去薛姨媽

nà li shāng liang bǎo yù hé bǎo chāi de hūn shì
那裏商 量 寶玉和寶釵的婚事。

yí rì dài yù zài yuán zhōng sàn bù shí wú yì
一日，黛玉在園 中 散步時，無意

zhōng tīng dào bǎo yù yào qǔ bǎo chāi de shì dài yù yì tīng
中 聽到寶玉要娶寶釵的事，黛玉一聽，

rú tóng yí gè jīng tiān pī lì hǎo yí huì er cái huǎn guo shén
如同一個驚天霹靂，好一會兒才緩過 神

lai yí bù xiàng xiāo xiāng guǎn zǒu qu gāng dào mén kǒu
來，移步向瀟 湘 館走去，剛到門口，

biàn wā de tù chu yì kǒu xiān xuè lai dài yù yǐ wǎng shēng
便哇地吐出一口鮮血來。黛玉以往 生

bìng shàng zhì jiǎ mǔ xià zhì zhòng jiě mèi cháng lái wèn
病，上 至賈母，下至 眾 姐妹，常來問

hòu rú jīn jiàn jiǎ fǔ zhōng shàng xià rén děng dōu bú guò lai
候，如今見賈府中 上 下人等都不過來，

lián yí gè wèn de rén dōu méi yǒu zhēng kai yǎn zhǐ yǒu zǐ
連一個問的人都沒有，睜 開眼， 只有紫

鵑一人。黛玉讓紫鵑將她扶着坐了起來，讓雪雁將她的詩本子和寶玉送她的手絹拿了過來。又讓雪雁生好火盆端上炕來，待雪雁出去拿炕桌時，黛玉欠身將方才的手絹往火上一撂，又把平日裏寫的詩稿也燒了。紫鵑和雪雁想要搶時，已經來不及了。

好容易熬到第二日清晨，紫鵑去回賈母，卻找不到賈母，連寶玉也不見了。這時，平兒和林之孝家的進來，說寶玉那邊需要紫鵑過去幫忙。紫鵑冷冷地說：「我們在這裏守着病人，身上也不潔淨。林姑娘還有氣兒呢，不時地叫我。」李紈在旁打圓場說：「林姑娘和紫鵑感情好，此時更離不開她。雪雁是

林姑娘從娘家帶過來的,她去也是一樣的。」於是,雪雁換上鮮艷的衣服,隨平兒和林之孝家的一起過去做儐相。①

這時,一頂大轎進來,儐相②請了新人出轎。寶玉見新人蒙着蓋頭,由雪雁扶着下轎。寶玉看見雪雁,如見了黛玉一般歡喜。

寶玉此時到底有些傻氣,説:「我是不是在做夢?坐在那裏的美人是誰?」襲人説:「是寶姑娘,新娶的二奶奶。」寶玉説:「我娶的不是林妹妹嗎?」説着便要去找林黛玉。賈母等忙過來勸慰,哄寶玉睡下。

卻説寶玉成家的那一日,黛玉白日已暈過去,卻心頭口中一絲微氣不斷,

---

①【於是,雪雁換上鮮艷的衣服,隨平兒和林之孝家的一起過去做儐相。】

分析:寶玉與寶釵的婚禮本是賈母和鳳姐偷梁換柱來騙寶玉的,讓林黛玉身邊的丫頭雪雁充當儐相只不過是為了讓騙局更逼真,寶玉果然信以為真,以為新娘子是林黛玉。

②【儐相】

指婚禮中陪伴新郎的男子和陪伴新娘的女子。

睜開眼一看，只有紫鵑和奶媽及幾個小丫頭在那裏。探春過來，摸了摸黛玉的手，已經涼了，連目光也都散了。探春、紫鵑正哭着叫人端水來給黛玉擦洗，剛擦着，猛聽黛玉叫道：「寶玉，寶玉！你好……」說到「好」字，便渾身冷汗，不作聲了，只見黛玉兩眼一翻，嗚呼！

香魂一縷隨風散，愁緒三更入夢遙！

當時黛玉氣絕，正是寶玉娶寶釵的這個時辰。

名師小講堂

林黛玉得知賈寶玉和薛寶釵訂婚的消息後，就一病不起，可是賈府上上下下都忙着寶玉和寶釵完婚的事情，幾乎沒有人關注黛玉。黛玉臨死前，掙扎着燒了寶玉送她的舊手帕，說明這時的黛玉已經心灰意冷了。寶玉與寶釵成親之時，黛玉在孤獨中淒涼地死去，成爲《紅樓夢》中最大的悲劇。

第三十三回

錦衣奉旨抄賈府
jǐn yī fèng zhǐ chāo jiǎ fǔ

提問

1. 賈府為何遭到查抄？
jiǎ fǔ wèi hé zāo dào chá chāo

2. 面對鳳姐病危，賈璉何故不聞不問？
miàn duì fèng jiě bìng wēi　jiǎ liǎn hé gù bù wén bú wèn

賈赦勾結外任以及仗勢欺人等事被
jiǎ shè gōu jié wài rèn yǐ jí zhàng shì qī rén děng shì bèi

人告發，皇上下旨將其革職抄家。趙
rén gào fā　huáng shang xià zhǐ jiāng qí gé zhí chāo jiā　zhào

全帶領錦衣府來查看賈赦家產。趙全藉
quán dài lǐng jǐn yī fǔ lái chá kàn jiǎ shè jiā chǎn　zhào quán jiè

口賈赦、賈政並未分家，要全部查抄，
kǒu jiǎ shè　jiǎ zhèng bìng wèi fēn jiā　yào quán bù chá chāo

幸而北靜王趕到，賈政這邊才得以幸
xìng ér běi jìng wáng gǎn dào　jiǎ zhèng zhè biān cái dé yǐ xìng

免。
miǎn

賈母等女眷正在擺家宴，大家正
jiǎ mǔ děng nǚ juàn zhèng zài bǎi jiā yàn　dà jiā zhèng

151

① 【賈母等女眷正在擺家宴，大家正談得高興，忽只聽見邢夫人那邊的人吵吵嚷嚷地進來說：「老太太，太太，不……不好了！多多少少的穿靴戴帽的強……強盜來了，翻箱倒籠地來拿東西。」】

分析：貌似飛來橫禍，卻是早埋禍根。平時對子弟疏於約束，導致今日錦衣府抄家時驚慌失措。

談得高興，忽只聽見邢夫人那邊的人吵吵嚷嚷地進來說：「老太太，太太，不……不好了！多多少少的穿靴戴帽的強……強盜來了，翻箱倒籠地來拿東西。」① 賈母等聽了，正不知所措，這時，又見平兒披頭散髮，拉着巧姐，哭哭啼啼地來說：「不好了！我正與姐兒吃飯，只見來旺被人拴着進來說：『姑娘快快傳進去請太太們回避，外面王爺就進來查抄家產！』我聽了着忙，正要進房拿要緊東西，被一伙人趕了出來。咱們這裏該穿該帶的快快收拾。」王、邢二夫人等聽得，都魂飛魄散，不知怎樣才好。鳳姐剛開始還瞪着兩眼聽着，後來便一仰身栽到地上昏了過去。賈

母沒有聽完，便嚇得涕淚直流，連話也說不出來。

賈母等聽邢夫人吵吵嚷嚷，不知所措。賈政只好安撫好母親，到外面等候消息。這時，聽見裏面一陣亂嚷，說：「老太太不好了！」急得賈政急忙進去。見賈母驚嚇逆氣，王夫人、鴛鴦等喚醒回來，服用舒氣安神藥後，漸漸好些，只是傷心落淚。賈政在旁不住寬慰。

這時，北靜王府的長史前來報信，說：「大喜呀！」原來皇上念及元妃去世不久，不忍加罪，命賈政仍做工部員外，除賈赦的家產外，其餘被封的全部退還，並要賈政查清放高利貸的事情。

賈璉被革去職務，免罪釋放。賈政聽了，忙叩謝皇恩。

賈璉回到家中，見平兒守着鳳姐哭泣，秋桐在二房中抱怨鳳姐。賈璉走近旁邊，見鳳姐奄奄一息，就有多少怨言，一時也說不出來。平兒哭道：「如今事已至此，東西已去不能復來。奶奶這樣，還得再請個大夫調治才好。」賈璉想到鳳姐的種種不是，便冷冷地說：「我的性命還不保，我還管她？」鳳姐聽見，睜眼一瞧，雖不言語，那眼淚流個不盡。

見賈璉出去，便對平兒說道：「你別不識時務，到了這樣田地，你還顧我做甚麼？我巴不得今兒就死才好。只要你能夠眼裏有我，我死之後，你扶養大了巧姐兒，我

在陰司①裏也感激你的。」平兒聽了，放聲大哭。鳳姐繼續說道：「你也是聰明人。他們雖沒有來說我，他必抱怨我。雖說事是外頭鬧的，我若不貪財，如今也沒有我的事，不但是枉費心機，掙了一輩子的強，如今落在人後頭。②」平兒愈聽愈慘，想來實在難處，恐鳳姐自尋短見，只得緊緊守着。

①【陰司】

陰間，陰曹地府。

②【雖說事是外頭鬧的，我若不貪財，如今也沒有我的事，不但是枉費心機，掙了一輩子的強，如今落在人後頭。】

分析：鳳姐平時貪財心狠，爭強好勝，此時事發，卻落得潦倒如此。

名師小講堂

賈府的主子們大多是一副飽食終日、無所用心的貴族派頭，每天所做的只是變着花樣享樂。還有一些濫用職權、損公肥私的主子，像鳳姐表面上在爲家務日夜操勞着，其實是將賈府推向滅亡。賈府就這樣在眾人的腐化墮落中一步步走向衰敗和滅亡。

第三十四回

太君壽終鳳姐亡
tài jūn shòu zhōng fèng jiě wáng

提問

賈璉一聽鳳姐不好了，為何説
jiǎ liǎn yì tīng fèng jiě bù hǎo le wèi hé shuō
「要我的命了」？
yào wǒ de mìng le

賈府被抄，賈赦被流放，皇上下旨由
jiǎ fǔ bèi chāo jiǎ shè bèi liú fàng huáng shang xià zhǐ yóu
賈政承襲榮國公的世職，賈政感激
jiǎ zhèng chéng xí róng guó gōng de shì zhí jiǎ zhèng gǎn jī
涕零，急忙回家告訴賈母。賈母因心情高
tì líng jí máng huí jiā gào su jiǎ mǔ jiǎ mǔ yīn xīn qíng gāo
興，不免吃多了些，結果晚上就有些不
xìng bù miǎn chī duō le xiē jié guǒ wǎn shang jiù yǒu xiē bú
受用①，第二天便覺着胸口飽悶。
shòu yong dì èr tiān biàn jué zhe xiōng kǒu bǎo mēn

自此，賈母兩日不進飲食，胸口仍
zì cǐ jiǎ mǔ liǎng rì bú jìn yǐn shí xiōng kǒu réng
是結悶。太醫把脈過後，悄悄地告訴賈
shì jié mēn tài yī bǎ mài guò hòu qiāo qiāo de gào su jiǎ
政準備後事，賈政讓賈璉去安排。一
zhèng zhǔn bèi hòu shì jiǎ zhèng ràng jiǎ liǎn qù ān pái yí

①【不受用】

身體不舒服。

日，賈母睜開眼要茶喝，喝過之後，見
眾人圍在牀邊，掙扎着起來說：「我到
你們家已經六十多年了，從年輕的時候
到老來，福也享盡了。就是寶玉呢，我疼
了他一場……」王夫人便推寶玉走到　牀
前。賈母從被窩裏伸出手來，拉着寶玉
道：「我的兒，你要爭氣才好！」賈母又瞧
了一瞧寶釵，嘆了口氣，只見臉上　發紅。
賈政知是回光返照，連忙進上　參湯。

賈母的牙關已經緊了，合了一回眼，又睜開滿屋裏瞧了一瞧。王夫人、寶釵上去輕輕扶着，邢夫人、鳳姐等便忙穿衣。地下婆子們已將牀安設停當，鋪了被褥，聽見賈母喉間略一響動，臉變笑容，竟是去了，享年八十三歲。

因連日操勞賈母的喪事，鳳姐病了。

賈璉見了鳳姐，一句貼心的話也沒有，眾人也不來瞧。這天，劉姥姥帶了外孫女青兒過來探望。劉姥姥看着鳳姐骨瘦如柴，神情恍惚，不免悲傷起來，說：「我的奶奶，怎麼這幾個月不見，就病到這個份兒！我糊塗得要死，怎麼不早來請姑奶奶的安！」鳳姐見是劉姥姥，不覺得一陣傷心，說了句「你怎麼才來」便嗚嗚咽咽

地哭了起來，巧姐兒聽見她母親悲哭，便

走到炕前，用手拉着鳳姐的手，也哭起

來。這裏，鳳姐正和姥姥説話，只見賈

璉進來，向炕上一瞧，也不言語，走到

裏間，氣哼哼地坐下。賈璉讓平兒把賈

母給鳳姐的東西拿來換銀子，平兒不同

意，賈璉便怒氣冲冲地將鳳姐和平兒

數落了一通。平兒無奈，只好把東西交給

賈璉。這時只見小紅過來説：「平姐姐快

走！奶奶不好呢。」平兒也顧不得賈璉，急

忙過來，見鳳姐用手空抓，平兒用

手攥着哭叫。賈璉也過來一瞧，把脚一

踩道：「若是這樣，是要我的命了！」① 説

着，掉下淚來。豐兒進來説：「外頭找二爺

呢。」賈璉只得出去。鳳姐愈加不好，豐兒

①【賈璉也過來一瞧，把脚一踩道：「若是這樣，是要我的命了！」】

　　分析：賈璉踩脚，表現出他的悲傷與無助。作爲丈夫，賈璉儘管對鳳姐生前的所爲不滿，但面對一直强勢的妻子臨終卻如此淒涼，難免心生悲嘆。作爲賈府的管事者，賈府上下都需要他去打理，賈母的葬禮已讓賈璉力不從心，此時鳳姐去世無疑是雪上加霜，故而賈璉説「要我的命了！」

等不免哭起來。巧姐兒聽見趕來。劉姥

姥也急忙走到炕前。鳳姐知道自己時日

不多，便拉着劉姥姥的手把巧姐兒託付給

她。當天夜裏，鳳姐就一命嗚呼了。

鳳姐停了十餘天，便草草送了殯。

名師小講堂

《紅樓夢》中，最有能耐、最有心機、八面玲瓏的人物就是王熙鳳。可是這位曾經在賈府呼風喚雨的人，最後連葬禮都是草草了事，可見鳳姐的人生也是悲劇的。在賈家衰落的背景下，無論是賈家的哪個成員都無法得到幸福美滿的結局。

第三十五回

寶玉中舉了紅塵

提問

寶玉的病是怎樣治好的？

寶玉因心中不樂，悶悶昏昏，不覺將舊病又勾起來了，並不言語，只是傻笑。沒過幾日，竟人事不省，大夫看過後，讓家人預備後事。

這時，只見一個小廝進來說：「來了一個和尚，手裏拿着二爺丟的玉，說要賞銀一萬兩。」

賈璉急忙稟報賈政。賈政想到寶

161

玉以前的病就是和尚治好的，於是急忙叫人去請。

話音未落，和尚已經進來，一直走到寶玉牀前，手裏拿着玉在寶玉耳邊叫道：「寶玉，寶玉！你的寶玉回來了。」

話音剛落，只見寶玉把眼一睜，把玉放在自己眼前細細地一看，說：「哎呀，久違了！」那和尚也不言語，拉上賈璉就要銀子。

經過認真調養，寶玉逐漸好起來。

寶玉身體恢復後，不但對功名①更加厭惡，對兒女情緣也看淡了好些。轉眼間，科舉考期將至，別人都希望寶玉和賈蘭能够高中。考試結束後，王夫人只盼着寶玉、賈蘭回來。等到晌午，不見

①【功名】

功業和名聲；舊指科舉稱號或官職名位。

回來，王夫人、李紈、寶釵着忙，打發人

去到處打聽。去了半天，又無消息，連去

的人也不來了。

直到傍晚，賈蘭才哭着回來，說：「寶

二叔丟了！」王夫人派人找了很久，也沒有

消息。

有一天清晨，幾個家人進來，到二

門口報喜說：「太太、奶奶們大喜！寶

二爺中了第七名舉人，蘭哥兒中了第

一百三十名舉人。」眾人道喜，說道：「寶

玉既有中的命，自然再不會丟的。況天下

哪有迷失了的舉人！」王夫人等想來不錯，

才略有笑容。

話說賈政不曾在家，他和賈蓉將賈

母等人的靈柩送到了金陵，先安了葬。一

日，賈政接到家書，看到寶玉、賈蘭得

中，心裏十分喜歡，後來看到寶玉走失，

心裏着急，便匆忙往回趕。

在回京的路上，天降大雪，賈政只

好將船停靠，準備寫一封家書。寫到寶

玉時，賈政停筆抬頭望向船頭，隱

約發現雪影裏有一個人，光着頭，赤着

腳，身上披着一領大紅猩猩氈的斗

篷，正向自己倒身叩頭。賈政尚未認

清，急忙出船，正準備扶住問他是誰，那人已拜了四拜。賈政迎面一看，不是別人，正是寶玉。賈政大吃一驚，忙問道：「你是寶玉嗎？」那人面露悲喜之色，但一句話也不說。賈政又問道：「你若是寶玉，怎麼打扮成這樣？怎麼會跑到這裏？」寶玉還沒來得及回答，只見岸邊來了兩人，一僧一道，夾住就走，於是三個人飄然登岸而去了。

名師小講堂

寶玉是《紅樓夢》中非常叛逆的人物。父親賈政以及其他的家人非常希望他能够考取功名，可是他内心深處是不願進科舉考場的。他讀《西廂記》這樣的閒書，而不是整日讀四書五經。但是黛玉的去世還有家庭的破敗，加上家人的督促，他被動地走上了考場。可是最後因爲心灰意冷，即使中了舉人，寶玉還是離家當了和尚。

chéng yǔ xiǎo kè táng
成語小課堂

fēng yōng ér shàng
蜂擁而上

釋義： 形容人多勢眾，一擁而起。

例句： 人們蜂擁而上，捉住了這兩個歹徒。

近義詞： 蜂擁而起、一擁而上

反義詞： 一哄而散

wēi zhòng lìng xíng
威重令行

釋義： 權威很大。因爲很有權威，所下命令能順利執行。

例句： 作爲公司的管理者，他威重令行，將公司管理得井井有條。

反義詞： 人微言輕

yǒu tiáo bù wěn
有條不紊

釋義： 有條理，有次序，一點不亂。

例句： 敵情緊急，可是他還是按部就班，有條不紊地安排他的工作。

近義詞： 井井有條

反義詞： 雜亂無章

dǎ bào bù píng
打抱不平

釋義： 看見不公平的事情，挺身而出。

例句： 他一生愛打抱不平，若見有人受到欺侮，必然挺身出面干涉。

近義詞： 拔刀相助、見義勇爲

反義詞： 見死不救、坐視不救

yǎn ěr dào líng
掩耳盜鈴

釋義： 字面意思是說「塞着耳朵去偷鈴」。比喻自己欺騙自己，明明掩蓋不了的事卻偏要掩蓋起來。

例句： 他故意說得比誰都激烈，但明眼人一看便知，他不過是掩耳盜鈴而已。

近義詞： 掩耳偷鈴、自欺欺人

反義詞： 問心無愧

bù ān shì shì
不諳世事

釋義： 指不熟悉人情世故。

例句： 巴特爾畢竟還是一個不諳世事的孩子，沒有父母師長的指教，也像一匹沒有籠頭的小馬，在生活的道路上亂闖。

反義詞： 飽經世故

167

jǐng jǐng yǒu tiáo
井 井 有 條

釋義： 形容有條有理，絲毫不亂。

例句： 她真是個理家能手，屋子小，東西多，但她卻安排得井井有條、整整齊齊。

近義詞： 井然有序

反義詞： 雜亂無章

lèi rú yǔ xià
淚 如 雨 下

釋義： 眼淚像下雨似的流出來。形容十分悲傷。

例句： 楚雁潮的手臂劇烈地顫抖，凝望着將要離別的新月，淚如雨下，灑在潔白的「臥單」上，灑在褐黃的泥土上。

近義詞： 淚如泉湧、淚流滿面

反義詞： 樂不可支

xùn liàn yǒu sù
訓 練 有 素

釋義： 平時一直進行嚴格的訓練。

例句： 這三名士兵，真是訓練有素，又一連幾炮，後面的四輛坦克接連中彈起火。

反義詞： 烏合之眾、蝦兵蟹將

qiān yán wàn yǔ
千 言 萬 語

釋義： 形容說的話很多。

例句： 我好像有千言萬語，就是不知道該怎麼說才好。

近義詞： 口若懸河、滔滔不絕

反義詞： 三言兩語、只言片語

rěn qì tūn shēng
忍 氣 吞 聲

釋義： 形容受了氣勉強忍着，有話不敢說出來。

例句： 她忍氣吞聲，逆來順受，只是想維持這個富甲全鎮的家。

近義詞： 飲恨吞聲

反義詞： 忍無可忍

wú jīng dǎ cǎi
無 精 打 采

釋義： 沒有精神，打消興致。形容精神萎靡，不振作。

例句： 枝條一動也懶得動，無精打采地低垂着。

近義詞： 沒精打采

反義詞： 興高采烈

xǐ chū wàng wài
喜出望外

釋義：遇到意外的喜事而特別高興。

例句：稿子寄去已幾個月，如石沉大海，我以爲不會發表了，誰知刊物寄來，卻發表在第一篇，真叫我喜出望外。

近義詞：大喜過望

反義詞：大失所望

jiǔ xiāo yún wài
九霄雲外

釋義：在九重天的外面。比喻無限高遠的地方。

例句：時過境遷，這件事情早已被他拋到九霄雲外了。

近義詞：天涯海角

反義詞：近在眉睫、近在咫尺

qiūn ēn wàn xiè
千恩萬謝

釋義：一再稱頌恩德，表示感謝。

例句：劉姥姥只管千恩萬謝的，拿了銀子錢，隨了周瑞家的來至外面。

近義詞：感激涕零、感恩戴德

反義詞：恩將仇報、以怨報德

zì xún fán nǎo
自尋煩惱

釋義：自己給自己找煩悶苦惱。

例句：我勸你還是把精力放到怎麼應付開庭上，別再自尋煩惱了。

近義詞：自找苦吃、庸人自擾

反義詞：自得其樂

qī shǒu bā jiǎo
七手八腳

釋義：人多動作亂。比喻人多手雜，忙亂無序。

例句：小王搬家，前來幫忙的人很多，大家七手八腳，一會兒就把東西全搬上了樓。

近義詞：手忙腳亂

反義詞：有條不紊

lǐ xián xià shì
禮賢下士

釋義：禮遇賢人，降低身份結交有識之士。

例句：尚書禮賢下士，各個接見，只有會元公來了十多次，總以閉門羹相待。

近義詞：卑躬下士、禮賢接士

反義詞：高高在上

gǎn jī bú jìn
感激不盡

釋義：非常感激。表示説不完也報答不完。

例句：弓箭手感激不盡，對號手説：「要不是你，我的性命恐怕也難保住啦！」

近義詞：感恩不盡、感激涕零

反義詞：忘恩負義、恩將仇報

tiān huā luàn zhuì
天 花 亂 墜

釋義：形容能説會道，言語動聽而不切實際。

例句：你説個天花亂墜，他們也不肯信。

近義詞：娓娓動聽、頭頭是道

反義詞：語不驚人

yī bǐ gōu xiāo
一 筆 勾 銷

釋義：一下子抹掉。比喻一下子全部取消。

例句：過去的恩怨從此一筆勾銷，以後誰也不許再生事了。

近義詞：一筆抹殺

反義詞：不可磨滅

liú yán fēi yǔ
流 言 蜚 語

釋義：毫無根據的話。多指背後議論、誹謗或挑撥的話。

例句：對於流言蜚語，我們一方面不相信，另一方面，必須嚴厲地加以制止。

近義詞：飛短流長、風言風語

qíng tiān pī lì
晴 天 霹 靂

釋義：晴天裏響起炸雷。比喻突然發生的令人震驚的事，多指噩耗或其他意外的事。

例句：這個黃河開口子的意外消息，簡直像晴天霹靂一樣把他打蒙了！

近義詞：晴空霹靂、五雷轟頂

反義詞：水波不興、平淡無奇

wàn quán zhī cè
萬 全 之 策

釋義：指周到而可靠的最好辦法。

例句：北可以敵曹操，南可以拒孫權，此萬全之策也。

近義詞：萬全之計

反義詞：權宜之計

bù kě kāi jiāo
不可開交

釋義：開交，結束、解決。不能罷手。比喻彼此糾纏，不能開脫。

例句：他最近正忙得不可開交，你過幾天再找他吧。

近義詞：難解難分、錯綜複雜

反義詞：迎刃而解

luò yì bù jué
絡繹不絕

釋義：形容人或車馬等前後相接，連續不斷。

例句：每天到天安門廣場瞻仰人民英雄紀念碑的人絡繹不絕。

近義詞：川流不息、連綿不斷

反義詞：門可羅雀

dé lǒng wàng shǔ
得隴望蜀

釋義：已取得隴地，又望着蜀地。比喻貪心不足。

例句：那個家伙得隴望蜀，霸佔了我的土地，還想霸佔我的房子。

近義詞：得寸進尺、貪得無厭

反義詞：適可而止

shēn sī shú lù
深思熟慮

釋義：反覆地深入細緻地思考。

例句：我平生從來没有一次偶然的發明，我的一切發明都是經過深思熟慮，嚴格試驗的。

近義詞：深謀遠慮

反義詞：淺見寡聞

zhǐ sāng mà huái
指桑罵槐

釋義：指着桑樹罵槐樹。比喻明裏是罵這個人，實際上卻是罵那個人。

例句：這個人真無聊，成天不乾不淨，指桑罵槐，鄰居們都不屑於理他。

近義詞：含沙射影

反義詞：直言不諱

niè shǒu niè jiǎo
躡手躡腳

釋義：形容放輕腳步走路的樣子。也形容偷偷摸摸、鬼鬼祟祟的樣子。

例句：清晨，為了不影響別人的休息，我躡手躡腳地走下樓去。

近義詞：輕手輕腳

反義詞：昂然而入

lóng shé hùn zá
龍蛇混雜

釋義： 龍和蛇混雜在一起。比喻好的壞的混在一起，難以分辨。

例句： 離公司不遠的地方，有個咖啡館，那裏龍蛇混雜，正好是他們接頭的好地方。

近義詞： 魚龍混雜、泥沙俱下

反義詞： 涇渭分明、判若黑白

yóu shān wán shuǐ
遊山玩水

釋義： 遊覽山水風景。

例句： 以後又去南北一些地方旅行，我不是爲了遊山玩水，只是去尋求友誼。

近義詞： 遊山逛水、遊山玩景

反義詞： 深居簡出

xiǎo xīn yì yì
小心翼翼

釋義： 原指恭敬謹慎。後形容十分謹慎，一點也不敢疏忽。

例句： 他默默地點了點頭，小心翼翼地輕輕抱起孩子，讓何嫂接過去。

近義詞： 小心謹慎、謹小慎微

反義詞： 粗心大意

xǐ bú zì jīn
喜不自禁

釋義： 喜歡得自己都禁不住。形容喜悅之情無法隱藏而流露出來。

例句： 面對清澈的江水，捧讀兩封友人的來信，抬起頭，只見山上桃花艷艷，令人喜不自禁。

近義詞： 喜不自勝、樂不可支

反義詞： 愁眉苦臉、痛不欲生

lì jìn shén wēi
力盡神危

釋義： 形容用心用力過度，體力不能支持的樣子。

例句： 他在臨終之前，用盡全身力氣，寫下了這句遺言，當他把最後一個字寫完時，已經力盡神危，筆從他手中滑落了。

近義詞： 精疲力盡

zuǒ sī yòu xiǎng
左思右想

釋義： 形容反覆思考。

例句： 天還沒有亮，他就醒了，躺在牀上，左思右想地好容易挨到了天明。

近義詞： 思前想後、深思熟慮

反義詞： 不假思索、當機立斷